KB083009

마취제 개발에서
이식수술까지

From Laughing Gas to Face Transplants
: Discovering Transplant Surgery
by John Farndon

이 도서의 국립중앙도서관 출판시도서목록(CIP)은 e-CIP홈페이지(http://www.nl.go.kr/ecip)와
국가자료공동목록시스템(http://www.nl.go.kr/kolisnet)에서 이용하실 수 있습니다.
(CIP제어번호: CIP2016016415)

마취제 개발에서 이식수술까지

미래과학 로드맵 04

존 판던 글 | 김연수, 이동섭 편역

From Laughing Gas to Face Transplants

다섯수레

여는 글 | 건강한 몸을 되찾아 주는 첨단 의학의 선물, 이식

의학이 발전하고 수술 기술이 획기적으로 향상됨에 따라 이전에는 생각하지도 못한 많은 일들이 일어나고 있습니다.

우리 몸은 기계와 달라서 머리 따로 팔다리 따로 심장 따로 허파 따로 떼어내서 움직일 수 있는 것은 아닙니다. 동맥과 정맥 혈관이 장기를 서로 연결하여 산소와 영양분을 공급하고 노폐물을 제거하며, 신경과 호르몬은 장기의 움직임을 조절하여 모두 한 몸의 조화로운 유기체로 살아갑니다.

장기 이식수술에는 현대 의학의 최첨단 지식이 모두 합쳐져 있습니다. 이식은 사용할 수 없게 된 망가진 장기를 새로운 것으로 바꿀 수 있는 기술입니다. 줄기세포와 발달생물학 연구 덕분에 실험실에서 제작한 장기나 다른 동물의 몸속에서 제작한 장기를 자유롭게 이용할 수 있는 것이 우리 미래의 모습입니다. 각 장기에 대한 모든 지식들을 바탕으로 우리 몸의 망가진 부분을 다시 바꿀 수 있고, 덕분에 사람들은 새로운 삶을 살 수 있게 되었습니다.

이제 소설이나 영화에서만 나왔던 일들이 눈앞에서 벌어질 것입니다. 우리의 마음은 심장에 있는 것일까요? 아니면 뇌에 있는 것일까요? 어쩌면 마음은 우리 몸 전체에 퍼져 있을지도 모릅니다. 심장이식수술을 받은 사람의 성격과 식성이 기증자와 닮는다는 것은 소설에서 많이 다루어지는 이야기입니다. 이제 뇌도 이식이 가능해집니다. 오래전에 아인슈타인의 뇌를 보관하였습니다. 물론 이식할 수 있는 상태로 보관된 것이 아니라 아쉽습니다.

뇌를 바꾸면 우리는 누가 되는 것일까요? 이식은 우리 자신에 대하여 귀중한 질문들을 던지는 철학적 분야이기도 합니다.

이식은 생명을 살리는 고귀한 일일 뿐 아니라, 불치병으로 고생하는 환자에게 건강한 몸을 되찾아 제2의 인생을 누릴 수 있는 희망을 불어넣어 주는 일입니다.

2016년 7월

서울대학교병원에서

김연수, 이동섭

차례

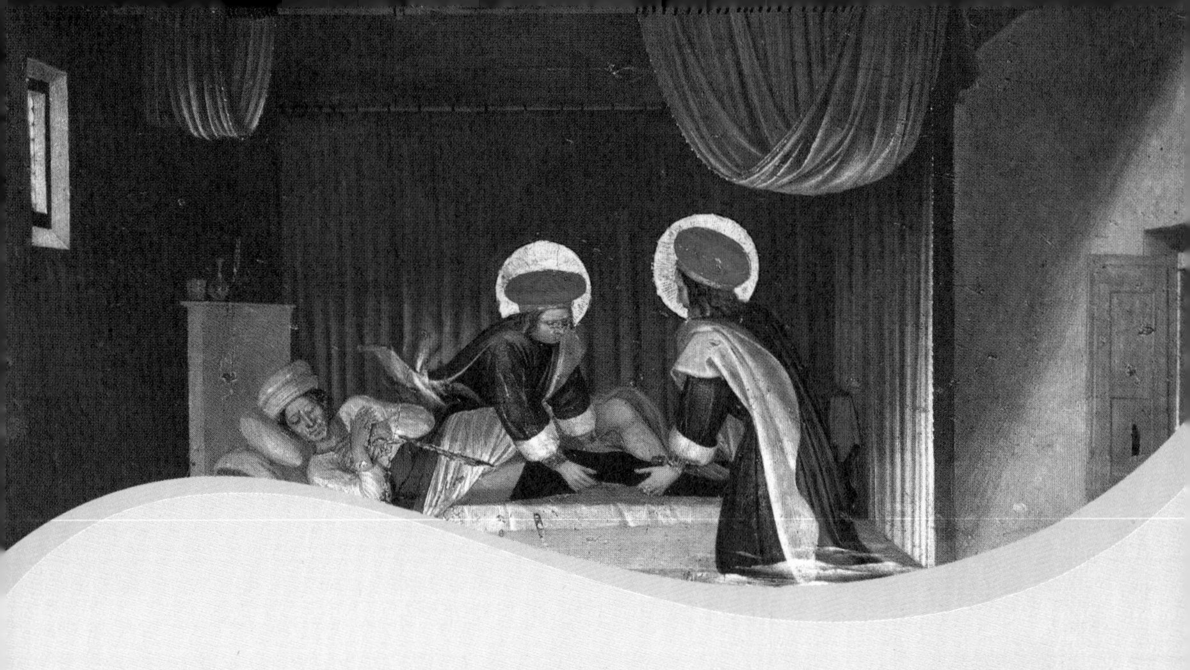

몸의 일부를 새로운 것으로 바꾸기

심장이 매우 나빠져서 더는 뛰지 못하게 된다면
의사는 환자에게 심장이식수술을 권한다.
현재 병원에서는 심장이식뿐만 아니라 손상된 손과
얼굴까지도 건강한 것으로 바꾸는 이식수술을 하고 있다.
아마 앞으로는 머리 자체를 바꾸는
이식수술이 가능할지도 모른다.

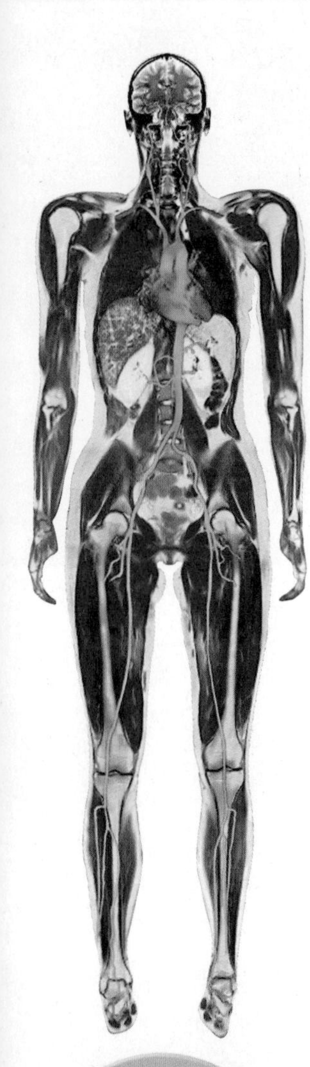

우리 몸의 이식수술이 가능한 장기. 붉은색은 심장과 혈관, 노란색은 간과 신장, 폐.

이식수술은 어디까지 가능할까?

자동차가 고장 나면 망가진 부품만 바꾸듯 우리 몸도 그렇게 일부를 교환할 수 있다. 이식수술은 정상적으로 기능하지 못하는 우리 몸의 일부를 건강한 것으로 바꾸는 일이다. 이식수술에는 피부이식과 골수이식처럼 단지 일부 조직만을 이식하는 경우와 간, 신장, 심장과 같은 장기 전체를 이식하는 경우가 있다.

장기 이식수술은 고대 이집트에서도 있었을 정도로 매우 오랜 역사를 가지고 있다. 그러나 실제로 이식수술이 성공한 것은 최근이다.

오늘날 외과 의사들은 장기 이식수술을 통해 많은 환자들의 생명을 살리고 있다.

이식수술은 언제부터 시작됐을까?

이식수술의 역사를 보면 매우 극적이다. 놀라운 성공을 거두기도 했지만 아주 형편없는 비극적인 결과를 초래하기도 했다. 사실 얼마 전까지만 해도 이식수술을 받은 환자는 거의 모두 사망하였다.

이 책에는 외과 의사들이 이식수술의 어려운 문제들을 어떻게 극복하며 환자의 생명을 구하였는지 그 과정이 씌어 있다. 이식된 장기는 왜 거부반응을 통해서 손상되는지 또 수술 방법은 어떻게 개선되어 왔으며 망가진 장기를 어떻게 새로운 것으로 바꿀 수 있었는지 이식수술이 성공하기까지의 사례들을 소개한다. 또한 장기를 바꾸기 위해서 끊어 놓았던 동맥과 정맥을 다시 잇는 방법도 실었다. 이러한 과정을 통해서 하나하나의 놀라운 기술들이 모여서 어떻게 이식수술이 성공하게 되었고, 환자들은 더욱 오랫동안 건강한 삶을 살 수 있게 되었는지를 알 수 있다.

그러나 이야기는 아직 끝나지 않았다. 현대 외과 의사들은 팔

골수
적혈구, 백혈구, 혈소판과 같은 혈액 세포를 만드는 조직

조직
뼈, 혈액, 근육과 같은 인체의 천연 물질

동맥
심장으로부터 몸의 다른 부분으로 혈액을 공급하는 큰 혈관

성 코스마스와 성 다미안이 유스티니아누스 주교의 손상된 다리 대신 아프리카 무어인의 다리를 이식하는 로마 전설 속에 이야기를 상상으로 그린 그림. 15세기, 화가 안젤리코가 이탈리아에서 그렸다.

정맥
심장으로 돌아가는 혈관

다리이식은 물론이고, 심지어는 머리이식까지 연구하고 있다. 미래에는 우리 몸에서 어느 부분이든지 문제가 생기면 공장이나 실험실에서 만든 새로운 것으로 바꿀 수 있는 때가 올지도 모르는 일이다.

놀라운 과학 세상

팔다리를 통째로 이식하는 것은 별로 새롭게 생각되지 않을 수 있다. 로마의 전설에는 4세기 무렵 쌍둥이 형제인 성 코스마스와 성 다미안이 지금의 터키 지역에서 다리이식수술을 시도한 것으로 나타난다. 전설에 따르면 유스티니아누스 주교의 한쪽 다리가 병균에 중독되어 죽을 지경에 이르게 되었는데, 쌍둥이 형제가 유니티니아누스 주교의 손상된 다리를 제거하고 북아프리카 사람인 죽은 무어의 다리를 이식하였다고 전해진다. 한쪽 다리가 검은색인 채로 살아간다는 이 이야기는 중세 화가들 사이에 많이 회자되었다.

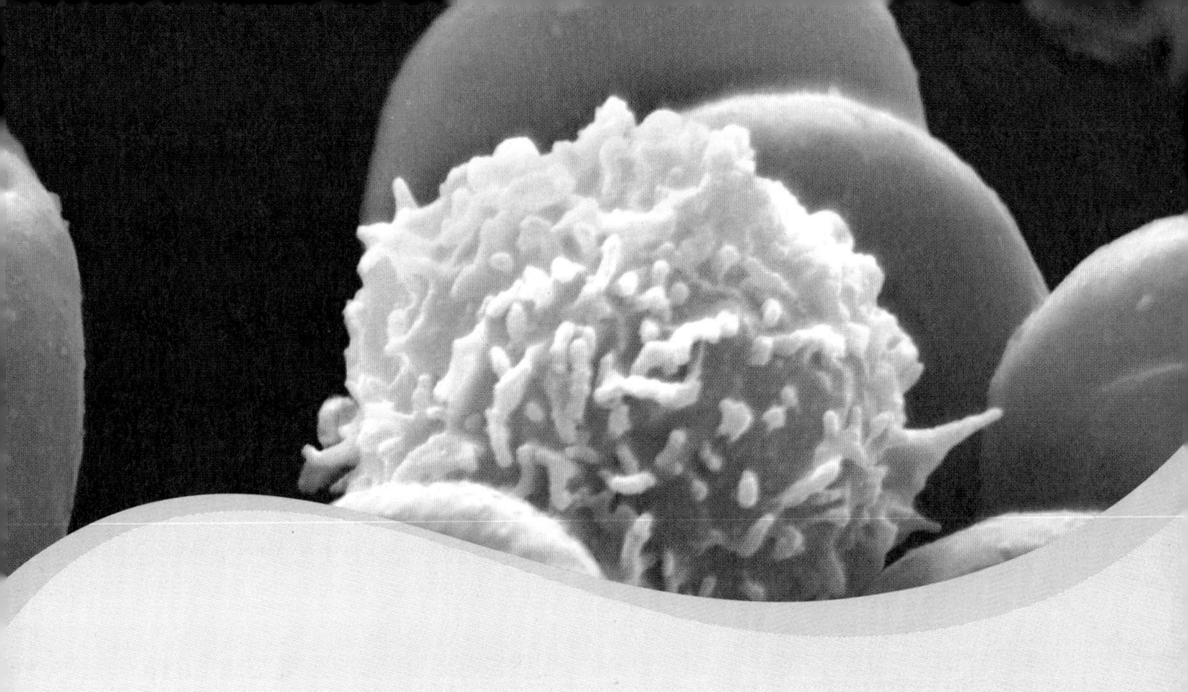

초기의 이식수술

사람들이 처음 시도한 이식수술은 피부이식수술이다.
몸의 한 부위의 피부를 다른 부위에 이식하는 것인데
놀랍게도 인도에는 이미 수천 년 전에
피부이식수술을 시도했다는 기록이 남아 있다.

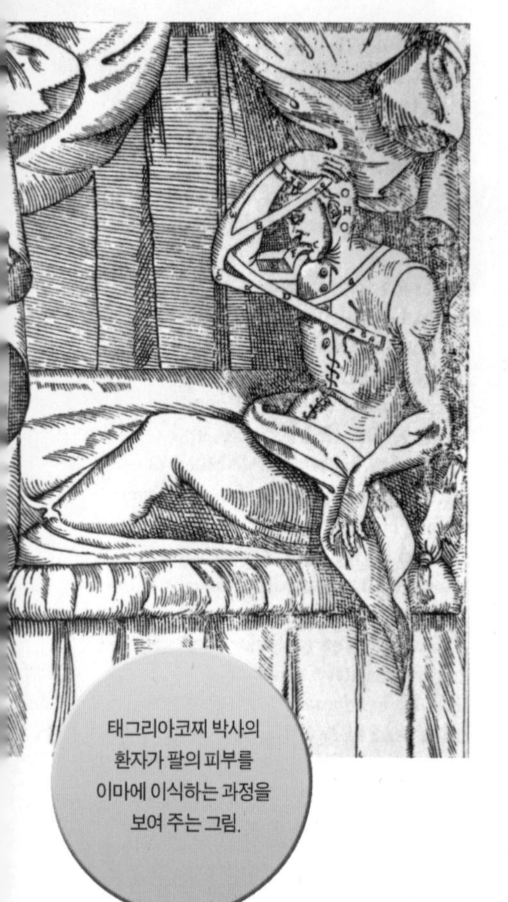

태그리아코찌 박사의 환자가 팔의 피부를 이마에 이식하는 과정을 보여 주는 그림.

피부이식수술부터 시작하다

고대 인도에는 범죄자의 코를 자르는 형벌이 있었다. 그런데 코를 잃은 사람들은 어떻게든 자신의 신체를 복원하고 싶었을 것이다.

B.C. 400년경 인도의 외과 의사 수스루타 박사는 이러한 사람들을 위해 이마의 피부를 이용해서 잘린 코의 모양을 다시 만들어 주었다고 한다.

16세기 이탈리아의 가스파로 태그리아코찌(1545~1599) 박사는 수스루타 박사의 수술 방법과 비슷한 기술로 환자의 팔에서 피부를 떼어 이마에 이식하였다. 그림에서와 같이 이식한 팔의 피부가 이마에 붙는 동안 계속 혈액을 공급받을 수 있도록 팔을 이마에 고정시켜 놓았다.

에델 스미스 이야기

1912년 미국 인디애나 주 개리 시에 있는 '에델 스미스'라는 어린 여자아이가 자동차 사고로 매우 심하게 화상을 입었다. 같은 동네에 사는 신문 배달 소년인 윌리 루우가 소아마비에 걸린 자신의 다리 피부를 기증하기로 하였는데 소년은 다리 피부를 기증하기 위해 다리를 절단해야 했다. 이로 인해서 소년은 수술 후에 사망하였다. 더군다나 에델의 몸이 이식받은 피부에 대해 거부반응을 일으켰다. 당시의 의사들은 이식할 때 환자와 기증자의 유전자가 서로 비슷해야 된다는 사실을 몰랐던 것이다. 그 뒤 에델은 가족들의 피부를 조금씩 기증받아 피부이식을 받았다.

화상이 심한 환자에게 피부이식이 가능해지다

1804년에 이탈리아의 기우세피 바로니오 박사는 이식하는 피부 조직이 작은 경우에는 꿰매지 않아도 잘 붙는 것을 발견하였다. 그로부터 70년 후 칼 티어쉬(1822~1895) 박사는 이식하는 피부의 두께가 수술이 성공하는 데에 매우 중요하다는 것을 알았고, 피부를 알맞은 두께로 아주 얇게 자르면 넓게 이식할 수 있다는 것을 발견하였다. 이와 같은 발견으로 마침내 화상이 심한 환자도 피부이식이 가능한 길이 열리게 되었다. 티어쉬 박사의 방법은 현재에도 이용된다.

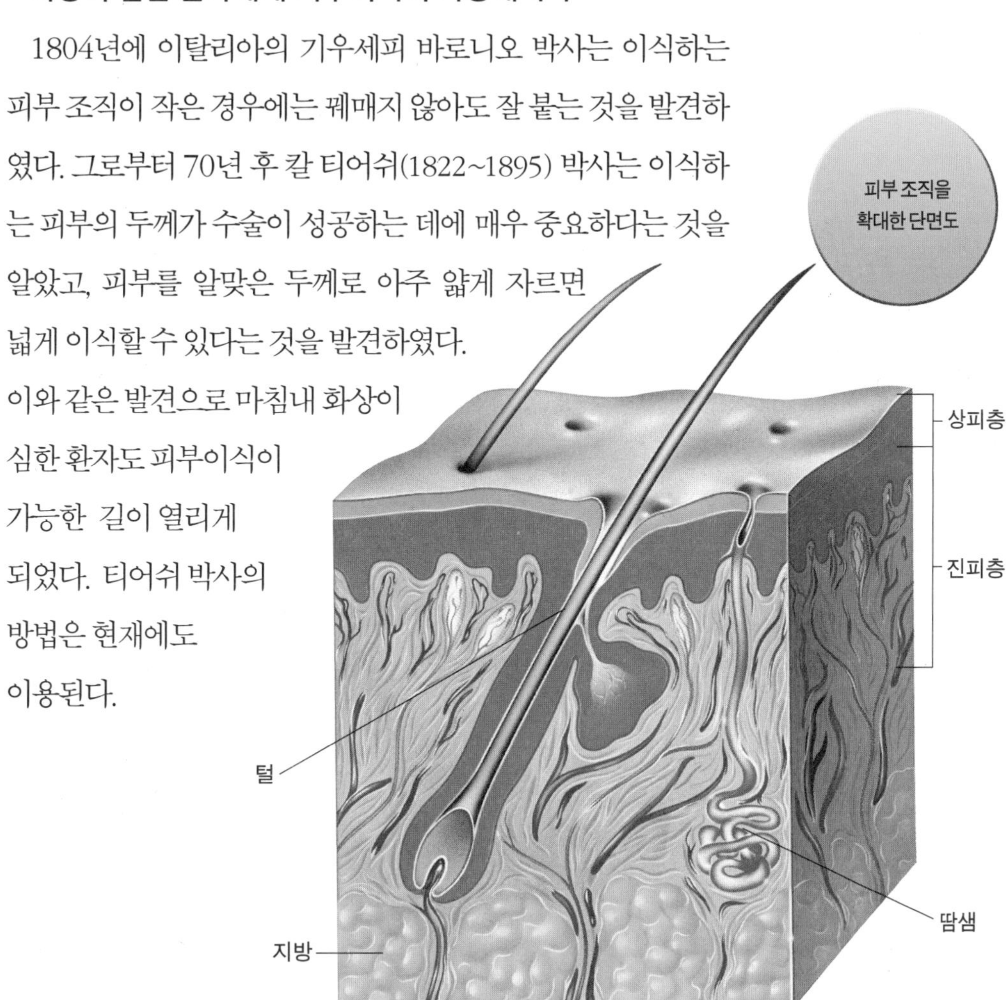

우리 몸의 피부는 몇 개의 층으로 이루어져 있을까?

부위에 따라 조금씩 다르지만 우리 몸의 피부 두께는 보통 2mm 정도이다. 현미경으로 보면 크게 두 개의 층으로 이루어져 있는데, 표면은 주로 세포로 이루어진 상피층이고, 그 아래는 좀 더 두꺼운 진피층이다. 땀샘과 털 등은 진피층에서 볼 수 있다.

수혈
다른 사람의 혈액을 환자가 받는 과정

적혈구
붉은 색의 원반 모양의 혈액 세포로 우리 몸에 산소를 공급한다.

백혈구
크고 하얀 혈액 세포로 체내 방어계에서 중요한 역할을 한다.

수혈을 통해 산모의 목숨을 구하는 데 성공하다

오랜 역사를 가지고 있는 이식의 분야는 수혈이다. 17세기 중엽부터 프랑스의 과학자들은 실험동물에서 혈액 수혈을 연구했다.

1667년 프랑스 의사인 장 바티스트 드니 박사는 환자에게 양의 피를 수혈하였는데 환자가 사망하여 드니 박사는 살인죄로 체포된 일이 있었다.

1819년 영국 의사인 제임스 블런델 박사는 간호보조원의 팔에서 주사기로 혈액을 뽑아 출혈이 심해진 위급한 산모에게 수혈하여 그 산모의 목숨을 구할 수 있었다. 이것이 최초로 사람에게 이루어진 성공적인 혈액 수혈이다.

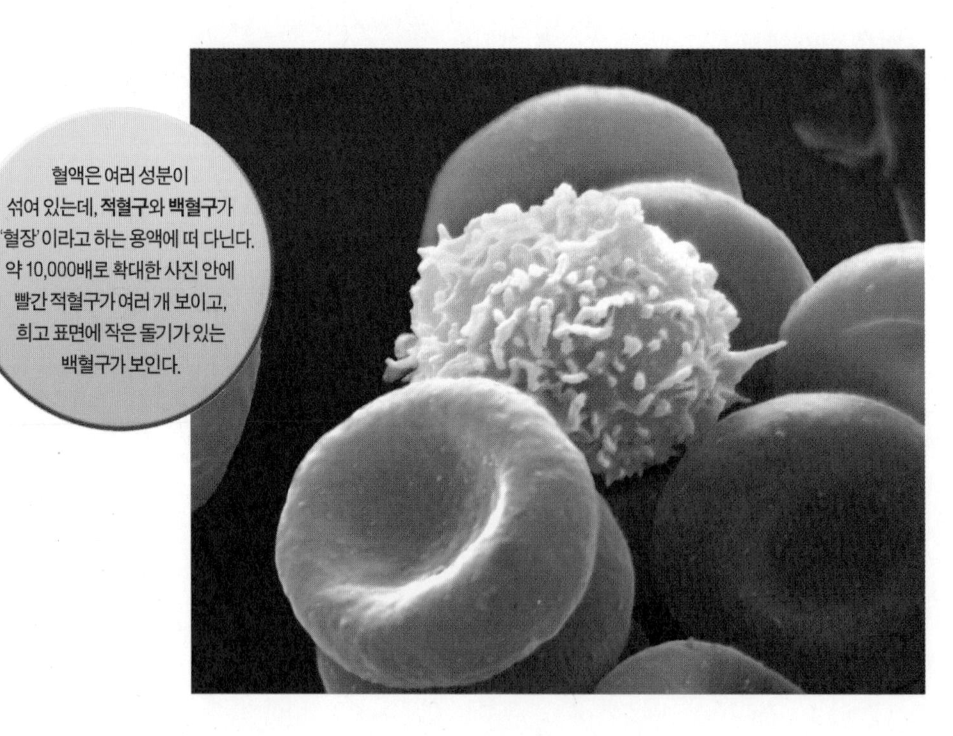

혈액은 여러 성분이 섞여 있는데, **적혈구**와 **백혈구**가 '혈장'이라고 하는 용액에 떠 다닌다. 약 10,000배로 확대한 사진 안에 빨간 적혈구가 여러 개 보이고, 희고 표면에 작은 돌기가 있는 백혈구가 보인다.

혈액형이 맞지 않은 혈액을 수혈하면 사망한다

블런델 박사는 출혈이 심한 환자들에게 수혈을 하였는데, 수혈 결과가 항상 좋은 것은 아니었다. 수혈 후, 환자가 중독이 되어 죽게 되는 경우가 생겼다. 그러면서 의사들은 혈액형이 맞지 않은 혈액을 수혈하게 되면 환자가 사망한다는 것을 알아냈다.

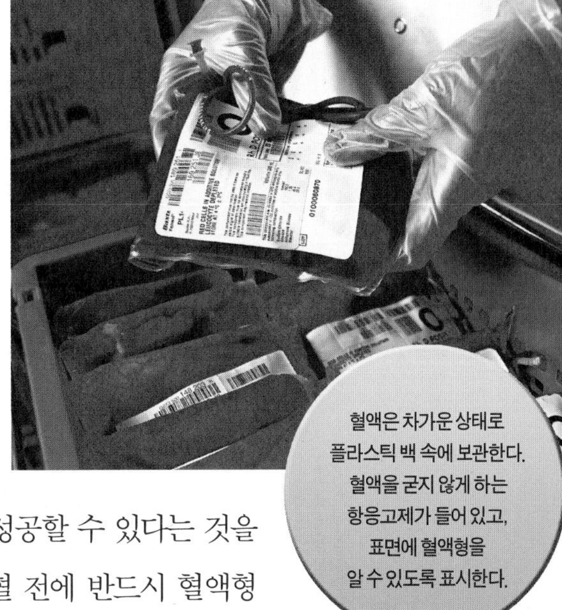

혈액은 차가운 상태로 플라스틱 백 속에 보관한다. 혈액을 굳지 않게 하는 항응고제가 들어 있고, 표면에 혈액형을 알 수 있도록 표시한다.

1901년 오스트리아 의사인 칼 란트슈타이너(1868~1943) 박사는 사람마다 특정한 혈액형이 있어서 알맞은 혈액형의 피를 수혈하는 경우에만 성공할 수 있다는 것을 발견하였다. 그로 인해 오늘날에도 수혈 전에 반드시 혈액형 검사를 하게 되었다.

혈액형이란 무엇인가?

혈액형이란 혈액의 종류를 의미한다. 만약 여러분이 수혈이 필요하다면 혈액형이 맞아야 한다. 혈액형은 혈액 내에 있는 적혈구의 항원과 혈장이나 혈액에 있는 항체와 같은 특별한 화학 물질에 의해 달라지는데 A, B, AB, O형의 4가지 주요 그룹이 있다. 또한 각 그룹은 적혈구에 있는 레수스(Rhesus) 항원을 가지고 있는 혈액형 (Rh 양성)과 레수스 항원이 없는 혈액형 (Rh 음성)으로 나누어진다.

혈액은행은 무엇일까?

초기의 수혈은 혈액을 기증하는 사람과 환자가 나란히 누워서 정맥을 관으로 서로 연결하는 방식이었다. 제1차 세계대전(1914~1918)을 치르면서 의사들은 혈액을 보관하는 방법을 개발하였고 1917년 캉브레 전투가 일어나기 전, 프랑스 의사들이 전쟁 중에 부상당한 군인들에게 보낼 수 있도록 혈액을 잔뜩 보관하면서 유래되었다. 요즘에는 거의 모든 수혈은 혈액은행의 혈액을 이용한다.

큰 수술을 하게 되면 많은 양의 피를 흘리게 된다. 이때 수혈을 통해 피를 보충해야만 한다. 특히 수혈은 이식수술처럼 큰 수술이 성공하기 위해서는 반드시 필요하다.

각막이식을 시도하다

각막은 눈의 가장 바깥쪽에 있는 투명한 얇은 층이다. 각막에 상처가 심하거나 병이 들어 손상되면 뿌옇게 흐려져서 눈이 보이지 않게 된다.

각막
각막은 손목시계의 유리와 비슷하다. 세포들이 매우 가지런히 있고 혈관이 없어서 투명하다. 신경이 많아서 매우 예민하다.

1800년대 초반, 의사들은 각막을 이식하면 시력을 되찾을 수 있지 않을까 생각했다. 환자의 각막을 얇게 제거한 뒤 새로운 각막을 이식하면 시력이 회복될 것으로 기대했다.

1838년 리처드 키삼 박사는 가젤의 각막을 다른 가젤의 각막에 이식하였다. 일 년 후에는 돼지의 각막을 사람에게 이식하였는데 두 수술 모두 이식했던 각막이 수술 후 뿌옇게 변했다. 몇 주가 지나면서 조직은 모두 없어지고 말았다. 키삼 박사 이후에도 동물의 각막을 환자에게 이식하는 수술은 이어져 왔지만 모두 성공하지 못했다.

요즘은 각막을 얇고 일정하게 떼어 낼 수 있는 로봇을 이용하여 각막이식수술을 한다.

각막이식수술을 최초로 성공시키다

1904년 오스트리아 안과 전문의 에드워드 젼 박사에게는 두 명의 환자가 있었다. 화상으로 시각장애인이 된 체코의 농부 알로이드 글로가와 사고로 눈을 다쳐서 앞이 보이지 않는 칼 브라우어라는 소년이었다. 젼 박사가 생각하기에 소년의 시력은 회복이 불가능해 보였다. 그래서 젼 박사는 소년의 눈에서 손상되지 않은 각막을 떼어 농부 글로가의 눈에 이식하였다. 그 결과 수술 후 몇 시간 만에 글로가는 각막이식을 받은 쪽의 눈으로 볼 수 있게 되었다. 그 뒤 글로가는 죽을 때까지 문제없이 생활하였다.

젼 박사의 성공으로 의사들은 각막 이외에 신체의 다른 부분의 조직이나 장기도 가족이 아닌 다른 사람의 것을 이식할 수 있지 않을까 생각하였다. 그런데 각막의 경우는 예외였다. 다른 사람의 조직에 대해서 거부반응을 일으키는 세포들은 혈액을 통해서 이동하는데 각막은 혈관이 없기 때문에 거부반응이 일어나지 않았던 것이다.

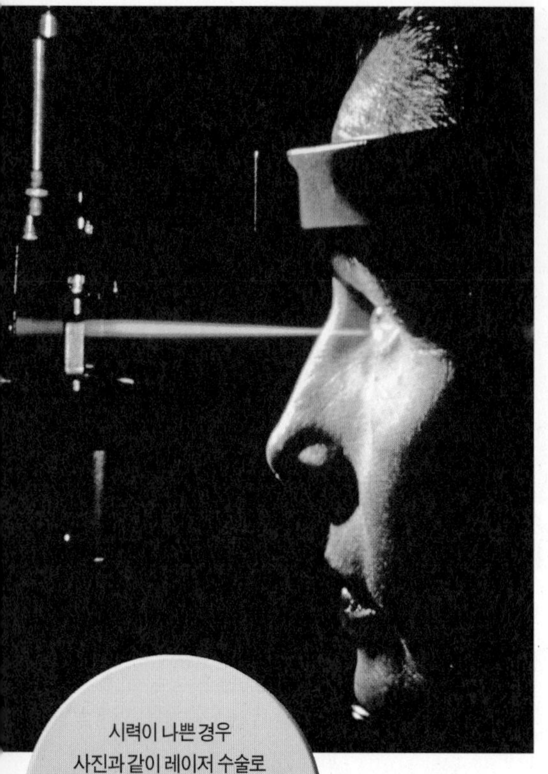

시력이 나쁜 경우 사진과 같이 레이저 수술로 시력을 교정할 수 있다. 그러나 종종 수술이 잘못되면 오히려 보이지 않게 되어 각막이식이 필요해진다.

망막
눈의 가장 뒤쪽에 있으며 빛을 받아서 뇌로 신경 신호를 보낸다.

인공망막은 어떻게 작용할까?

눈의 **망막**이 망가져서 시력을 잃는 경우가 있다. 망막은 눈의 뒤쪽에 있는데 각막을 통해 들어온 빛을 느끼는 부분이다. 망막은 눈에 들어온 빛을 신경 신호로 바꾸어 뇌로 보내서 우리가 외부의 사물을 볼 수 있게 한다. 최근 개발 중인 인공 망막은 환자가 아주 작은 카메라가 달린 특수 안경을 착용하면, 카메라는 외부 사물을 전기 신호로 바꿔 인공 망막에 보내고, 인공 망막은 외부 사물에 해당하는 신경 신호를 뇌로 보내서 뇌가 외부 사물을 볼 수 있도록 한다. 현재 개발 초기 단계이나 환자가 오랫동안 훈련하면 어렴풋이 외부 사물을 구별할 수 있다.

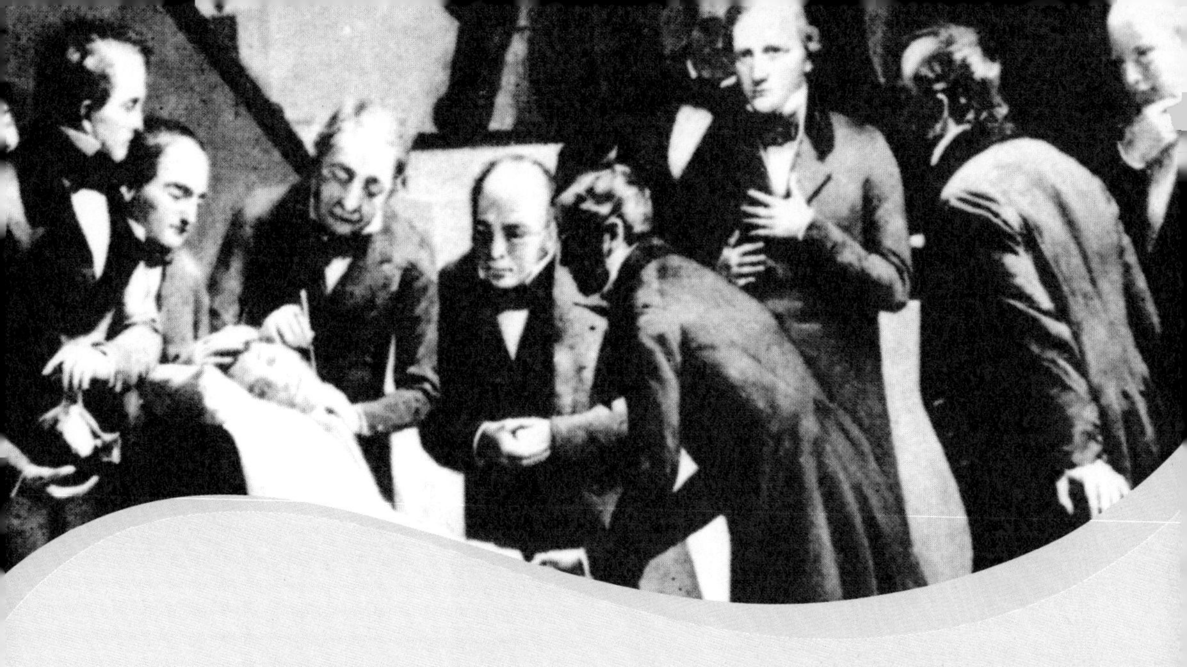

수술 기법의 발전

장기 이식수술을 하기 위해서 외과 의사들은 많은 수술 기법을 익혀야 했다. 그 가운데에서 가장 중요한 기술은 마취 기술이다. 전신마취제는 수술을 하는 동안 환자가 잠이 들고, 통증을 느끼지 않게 하는 물질이고, 국소마취제는 몸 일부의 통증을 약하게 하는 물질이다.

마취제 개발이 시급했다

마취제가 개발되기 전에 외과 의사들이 주로 시행한 수술은 사지절단 수술이다. 그 당시 환자에게는 매우 끔찍한 수술이었는데 통증을 참기 위해 환자에게 술을 마시게 하여 술에 취한 상태에서 혀를 깨물지 않도록 입에 재갈을 물린 뒤 수술했다.

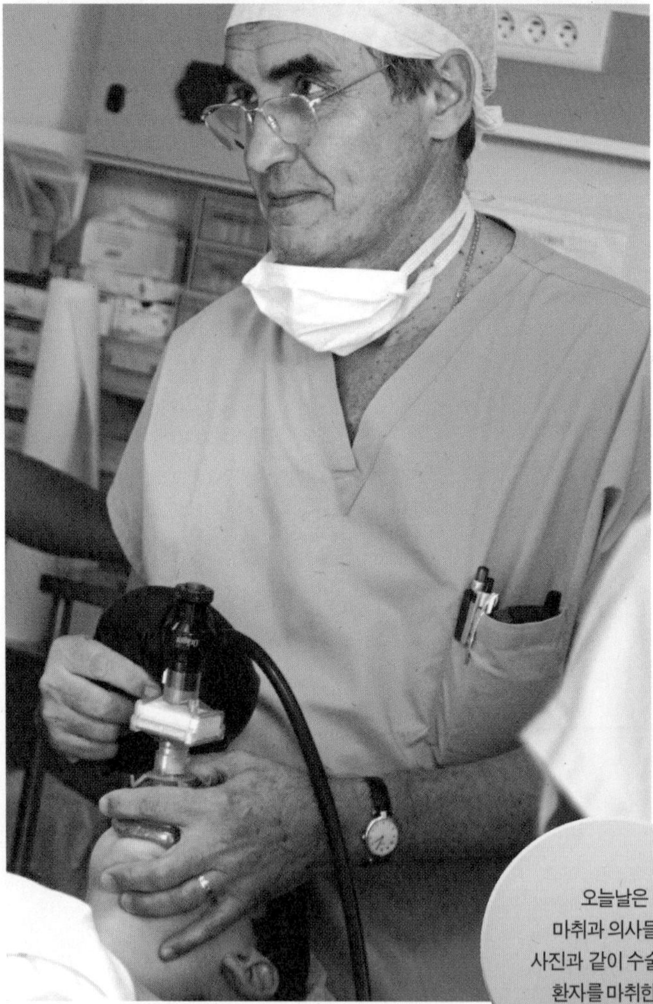

당시에는 내장 기관을 수술한다는 것은 생각도 못했다. 긴 수술 시간 동안 통증을 참는 것은 거의 불가능했고, 수술을 하게 되면 근육이 반사적으로 수축하게 되어 수술하기에 매우 힘들게 된다.

환자가 통증을 느끼지 않고, 근육이 이완된 상태에서 수술하려면 마취제가 반드시 필요했다.

오늘날은 마취과 의사들이 사진과 같이 수술 전에 환자를 마취한다.

마취제의 도움으로 통증 없이 수술받다

효과적인 마취제를 처음 개발한 것은 영국의 화학자인 조지프 프리스틀리 박사이다. 프리스틀리 박사는 1770년대에 '아산화질소(nitrous oxide, N_2O)'라는 가스를 발견했다. 이 가스를 마시면 사람들이 실실 웃게 되기 때문에 영국의 과학자인 험프리 데이비 박사는 '웃음가스'라고 불렀다. 데이비 박사는 웃음가스가 통증을 없앨 수 있다고 보고하였다.

1840년대 미국 치과 의사 호레이스 웰스 박사는 돼지의 방광에 웃음가스를 채우고, 관을 통해서 환자에게 가스를 마시게 한 뒤, 발치를 하여 통증을 완화시키는 데 성공했다.

그 뒤 호레이 웰스 박사의 동업자였던 윌리엄 모턴(1819~1868) 박사가 마취제를 사용하여 큰 수술에 성공한다. 모턴 박사는 웃음가스 대신에 '에테르'를 사용하였다. 1846년 10월

놀라운 과학 세상

모턴 박사의 수술이 성공한 소식은 금세 퍼져 나갔다. 같은 해 런던대학병원의 외과 의사 로버트 리스톤 박사도 처음으로 마취제를 이용한 수술에 성공했다. 환자는 식당 지배인인 프레드릭 처어칠이었고 그는 다리를 절단해야 했다. 리스톤 박사는 환자를 에테르로 마취한 뒤 28초 만에 재빨리 환자의 다리를 절단하고 수술을 마쳤다. 몇 분 후 환자는 깨어나서 의사에게 언제 수술을 시작하느냐고 물었다.

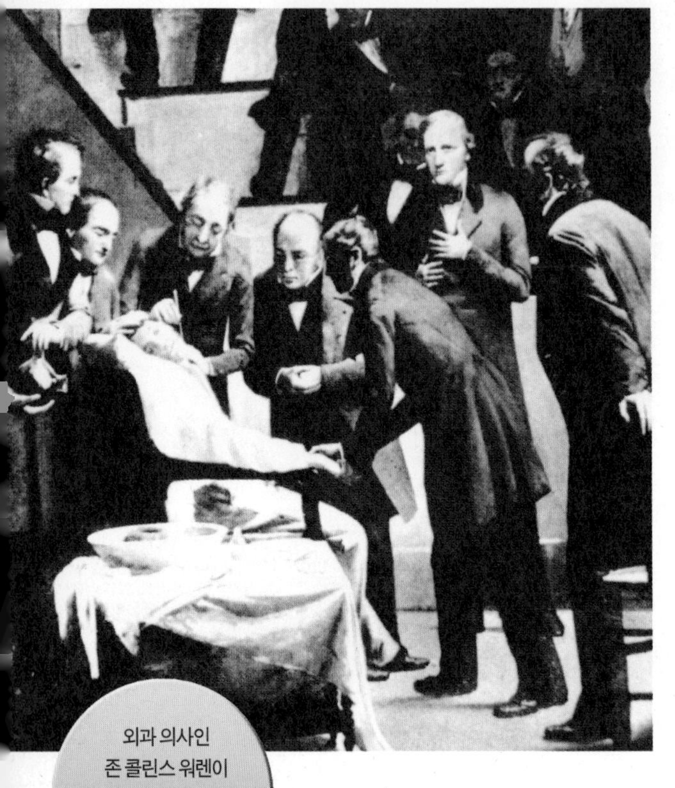

외과 의사인 존 콜린스 워렌이 환자 길버트 애봇의 종양을 수술하는 모습.

16일, 모턴 박사는 미국 보스턴에 있는 매사추세츠 종합병원에서 마취제를 사용한 역사적인 첫 번째 수술을 진행하였다. 환자의 이름은 길버트 애봇이라는 젊은 남자로 목에 있는 작은 종양을 제거해야 했다. 모턴 박사는 에테르 가스를 환자에 투여하여 마취시켰고, 외과 의사인 존 콜린스 워렌이 성공적으로 종양을 제거하였다. 30분 후에 환자가 깨어났는데 환자는 수술한 것을 전혀 기억하지 못했다.

마취제의 발전으로 맹장 수술도 가능해지다

종양
조직이 증대되어 생긴 혹. 양성 종양과 악성 종양이 있다.

에테르나 아산화질소를 이용한 마취는 간단한 수술을 하는 데에는 매우 훌륭하다. 그러나 대부분의 이식수술을 하기 위해서는 환자를 더욱 오랫동안 마취시킬 수 있어야 한다.

1847년에 스코틀랜드의 의사 제임스 심슨 박사는 클로로포름에서 얻은 가스를 이용한 마취를 고안하였다. 클로로포름은 몇 방울만 있어도 환자를 마취시킬 수 있었다.

아산화질소, 에테르, 클로로포름이 당시의 주된 마취제였다. 아산화질소는 간단한 치과 치료에 사용될 정도였고, 에테르는 마취가 조금 더 오래 지속될 수는 있었지만 환자가 자주 토하는 단점이 있었다. 또한 에테르는 불이 붙기 쉬워서 보관하고 다루는 데 매우 주의해야 했다. 클로로포름은 환자를 심장마비

아마존의
야구아 인디언이
사냥에 사용하기 위해
쿠라레 독을 화살에
바르고 있다.

로 사망하게 만들기도 했다. 더 위험한 것은 에테르나 클로로포름의 경우 많은 양을 투여하면 환자가 다시는 깨어나지 못한다는 것이다.

1940년대에 캐나다 외과 의사 해럴드 그리피스 박사는 환자에게 쿠라레(curare)를 사용해 보면 어떨까 생각했다. 쿠라레는 남미의 식물에서 채취되는 독약으로 원주민들이 사냥을 하기 위해 독화살을 만들 때 사용하였는데 이 화살에 맞으면 동물은 마비되어서 움직이지 못했다. 그리피스 박사는 쿠라레가 근육을 이완시킨다는 것을 알았다. 그리피스 박사는 쿠라레를 사용하여 환자의 근육을 이완시킨다면 마취제를 훨씬 적게 사용해도 될 것으로 생각했다. 그리피스 박사는 쿠라레를 좀 더 안전한 형태로 변형시킨 '인트라코스틴(intracostin)'을 개발하

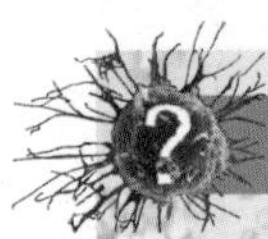

폭탄 개발 과정에서 발견된 새로운 마취제

제2차 세계대전(1939~1945) 가운데 미국의 과학자들은 원자폭탄을 개발하고 있었다. 이들은 핵분열반응을 조절할 수 있는 새로운 화학 물질을 찾고 있었다. 이 과정에서 불소(fluorine)와 제논(xenon) 가스를 이용한 할로겐화(halogenation) 반응이 개발되었는데, 몇 년 후에 과학자들은 할로겐화 반응을 이용하여 새로운 마취제인 할로테인(halothane)을 개발하였다. 할로테인은 기존의 마취제보다 더욱 안전하여 많이 사용하게 되었다. 할로테인 계통의 마취제들이 현재 이식수술에 널리 사용되고 있다.

였고, 1942년 1월 23일 그리피스 박사는 이 방법으로 맹장(충수돌기)수술에 성공했다. 오늘날에도 이처럼 모든 큰 수술에는 쿠라레와 비슷한 근육이완제가 사용된다.

개의 신장이식수술에 성공하다

적절한 마취제가 개발되어 이제는 장기 이식수술처럼 큰 수술이 가능하게 되었다. 그러나 사람의 장기 이식수술을 하기 위해서 외과 의사들은 어떠한 방법으로 수술해야 하는지 정확히 몰랐다. 그렇기 때문에 외과 의사들은 수술 기법을 향상시키기 위해서 동물 수술을 꾸준히 시도해야 했다.

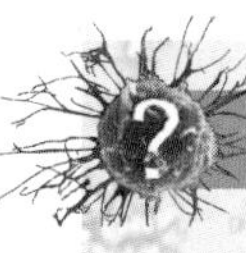

실험동물 사용은 정당할까?

지난 수세기 동안 과학자들은 수많은 동물을 실험에 이용하였다. 장기 이식수술에는 특히 개, 양, 고양이, 토끼, 원숭이 들이 사용되었는데 많은 동물이 죽었고, 일부는 잔인한 방법으로 수술이 진행되기까지 하였다.
19세기 말에 이르러 사람들은 동물을 이용한 실험이 잔인하다는 것을 호소해서 몇몇 동물실험을 금지하는 법안을 통과시켰다. 오늘날 많은 동물실험이 동물에게 고통을 주기 때문에 금지되고 있다. 그러나 장기 이식수술을 비롯해서 동물실험은 사람의 생명을 구할 수 있는 많은 정보를 제공한다. 동물을 이용한 실험수술이 옳은지 그른지에 대해서는 아직도 많은 논란이 있다.

동물실험을
반대하는 사람들이
시위하고 있다.

동물 수술도 마취제가 개발되면서 많이 발달하였다. 1900년경에 헝가리 외과 의사 에머리히 울만(1861~1937) 박사는 세계 최초로 개의 몸에서 신장이식수술을 하였다. 이 수술은 다른 개의 신장을 이식한 것은 아니었다. 그 개의 신장을 목 부위로 이식한 것이다. 목에는 큰 혈관이 있기 때문에 신장과 같이 커다란 동맥과 정맥에 연결해야 하는 장기를 이식하기 위해서 배 쪽의 혈관에 연결하는 대신 목의 혈관을 이용한 것이다.

울만 박사는 자기 자신의 신장이 아니라 다른 동물의 신장을 이식하면 항상 실패한다는 것을 알았다. 그것은 같은 종류의

신장이식에 성공한 개, 롤리팝 이야기

롤리팝은 혈연관계가 없는 다른 개의 신장을 이식하여 최초로 성공적으로 생존한 개이다. 이 수술은 1960년대에 영국 외과 의사 로이 칼느 박사가 시술하였는데, 칼느 박사는 거부반응을 억제할 수 있는 약을 사용하여 성공적으로 이식수술을 마쳤다. 이 수술은 이식수술의 역사에 새로운 장을 여는 계기가 되었다.

혈관
몸 안에서 혈액을 운반하는 관

개의 신장을 사용해도 마찬가지였다. 울만 박사는 이식된 장기는 거부반응을 일으킨다는 것을 알아냈다.

동물의 심장이식수술을 시도하다

프랑스 외과 의사 알렉시스 카렐(1873~1944) 박사는 울만 박사와 비슷한 시기에 동물을 이용한 이식수술을 연구하고 있었다. 카렐 박사도 개의 신장을 목 부위로 이식하는 수술을 시도하였는데 다른 동물로부터 신장을 이식한 경우에는 이식수술에 성공할 수 없었다. 카렐 박사는 심지어 개의 심장을 목 부위로 이식하기도 했다. 심장이식수술을 받은 개는 몇 시간 후에 사망하였지만, 카렐 박사는 훗날 사람의 이식수술 과정에서 꼭 필요한 매우 중요한 외과 수술 기술을 개발한다.

혈관을 다시 연결해야 하는 문제에 직면하다

의사들은 동물 수술을 하면서 새로운 문제를 알게 되었다. 우

알렉시스 카렐 박사가 실험실에서 현미경으로 무언가를 관찰하고 있다.

리 몸의 장기는 혈관이라는 관을 이용해서 혈액을 공급받는다. 그런데 망가진 장기를 잘라내고 새로운 장기를 이식하려면 끊어 놓은 모든 혈관을 다시 이어 주어야 하는 것이다.

중앙 난방 장치를 교환하는 배관공은 망가진 파이프 대신에 새로운 파이프를 금속으로 된 이음쇠를 이용하여 다시 연결시킨다. 그러나 심장이식이나 다른 장기 이식수술의 경우, 혈관을 다시 잇는 것은 훨씬 더 힘든 일이었다. 왜냐하면 혈관은 매우 약하고 살아 있는 조직이기 때문이다.

섬세한 바느질이 혈관봉합수술의 발전으로 이어지다

봉합술
인체 부위가 자연 치유되는 동안 접합을 유지하도록 바느질하는 것

이 문제를 가장 먼저 해결한 것은 1890년대에 개의 심장이식수술을 시도한 알렉시스 카렐 박사였다.

1894년 프랑스의 대통령인 사디 카르노가 프랑스 리옹에서 습격을 받은 사고가 발생했다. 그 당시 카르노 대통령은 심장 가까이에 있는 커다란 정맥이 칼에 찔렸던 것이다. 그러나 당시 의사들은 찢어진 정맥을 복구하는 방법을 알지 못했고, 대통령은 그만 사망하고 말았다.

카렐 박사는 이와 같은 불행이 앞으로는 발생하지 않기 위해서 방법을 찾아야 한다고 생각했다. 카렐 박사는 당시 리옹에서 가장 섬세한 자수를 놓는 르로이디어 부인으로부터 바느질을 배우기로 마음먹었다. 카렐 박사는 매일 여러 시간 동안 연습한 끝에 아주 작은 바늘로 바느질하는 기술을 익히게 된다.

결국 카렐 박사는 동물 수술을 다시 시도하였고, 끊어진 혈관을 잇는 수술을 계속하였다. 우선 끊어진 혈관의 양쪽 끝부분을 세 가닥의 비단 실로 느슨하게 연결하여 두 개의 혈관을 서로 붙여 놓았다. 그 다음에 두 혈관을 촘촘히 바느질하여 끊어진 혈관을 연결하는 방식이었다. 이와 같은 방법은 '카렐의 봉합술(Carrel's suture)'이라고 하는데, 이 **봉합술**은 오늘날에도 사용되고 있다.

인공심장은 어떻게 발명했을까?

1935년 알렉시스 카렐 박사는 미국인 비행사 찰스 린드버그의 도움을 받아 세계 최초로 인공심장을 발명했다. 린드버그의 친척인 엘리자베스 머로우의 심장을 치료하던 카렐 박사는 성공적인 심장 수술을 위해서 환자의 심장을 잠시 멈추어 놓아야 했다. 그러나 심장을 멈추게 하면 온몸의 혈액 공급이 중단되어 환자는 사망하게 된다. 린드버그는 카렐 박사에게 기계 펌프를 이용하여 혈액순환을 계속할 수 있지 않겠냐고 제안하였는데 카렐 박사도 같은 생각을 이미 하고 있었다. 하지만 카렐 박사 혼자서는 불가능한 일이었다. 이때 기계를 다루는 기술이 뛰어난 린드버그가 이 일을 도와주었고, 인공심장 개발에 성공할 수 있었다. 그러나 안타깝게도 엘리자베스는 이미 심장병이 악화되어 세상을 떠났다.

찰스 린드버그는 1927년 뉴욕에서 파리까지 최초로 대서양을 홀로 횡단한 비행사였다.

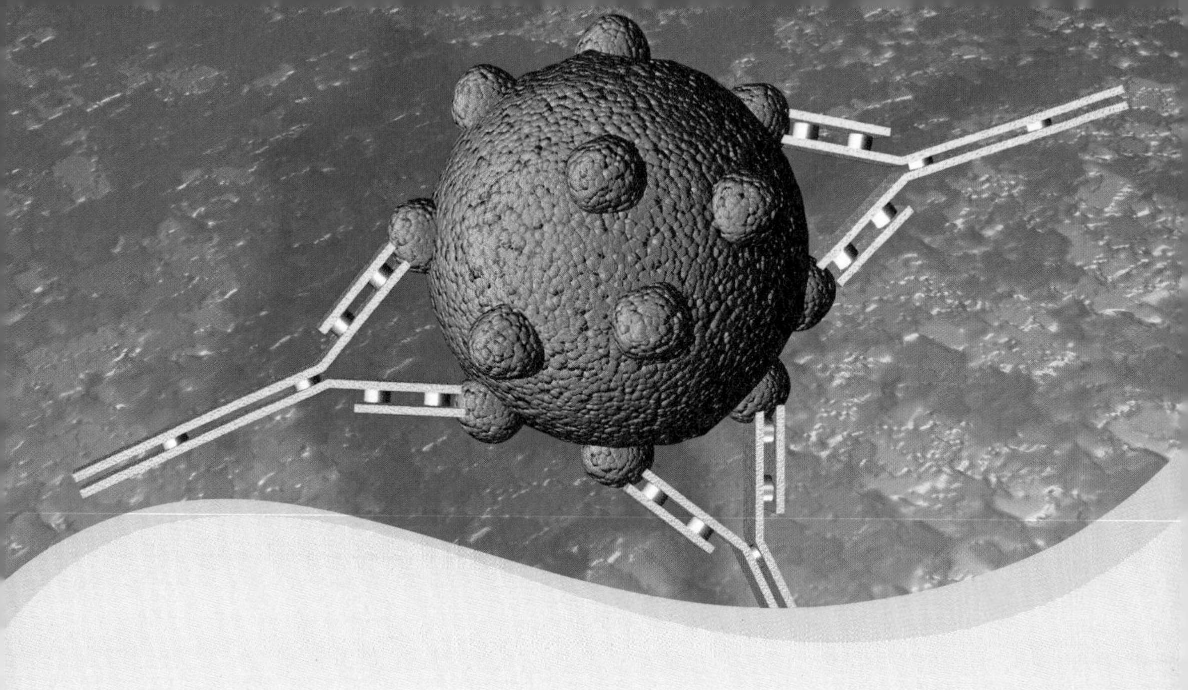

이식 거부반응

1940년대에 이르러 많은 외과 의사들은 장기이식이 가능한 수술 기술을 개발하였다. 그러나 수술에는 성공해도 이식수술 뒤 환자는 항상 사망하였다. 이제 의사들은 우리 몸이 이식한 장기를 거부한다는 것을 알게 되었다.

항원
몸에 침입하여 항체를 형성시키는 물질. 세균이나 독소가 해당된다.

항체
면역계 내에서 항원의 자극에 대항하기 위해 혈액에서 생성되는 당단백질

다른 사람의 피부이식은 거부된다

외과 의사들은 환자에게 새로운 조직과 장기를 이식하는 방법을 잘 알고 있었다. 그러나 이식수술은 항상 실패하였다. 특히 피부이식의 경우 환자 자신의 피부를 이식한 경우를 제외하고는 다른 사람의 피부를 이식하면 성공하지 못했다.

제2차 세계대전 중에 많은 비행사들이 심한 화상으로 고생하였지만, 이들은 대개 화상이 심해서 자신의 피부는 멀쩡한 곳이 거의 남아 있지 않았다. 그럼에도 다른 사람의 피부를 이식하면 항상 거부반응이 일어났다.

세포들은 어떻게 서로를 알아볼까?

우리 몸의 모든 세포는 사람마다 자기 것이라는 특별한 표식이 있다. 단, 일란성 쌍둥이의 경우는 서로 표식이 같다.
오스트레일리아의 과학자 프랭크 맥팔래인 버닛(1899~1985)은 우리 몸에 각자 자신만의 특별한 표식이 있는 것을 발견하였다. 그렇기 때문에 우리 몸은 다른 사람의 피부 세포를 쉽게 알아보고 공격하게 된다.

이식 거부반응은 왜 나타날까?

영국의 과학자 피터 메더워(1915~1987) 박사는 이식 거부반응이 일어나는 원인에 대하여 연구했다. 메더워 박사는 토끼를 이용하여 실험한 결과, 다른 토끼의 피부를 이식받은 토끼

에게서 심한 거부반응이 나타나는 것을 발견했다.

이식 거부반응은 마치 우리 몸이 병에 걸렸을 때 반응하는 것처럼 일어났다. 예를 들어 홍역에 걸리면, 우리 몸은 몇 주에 걸쳐서 **항원**(antigen)인 홍역균에 대한 **항체**(antibody)를 생산하는데 이 항체는 홍역균을 선택적으로 공격할 수 있다. 그렇기 때문에 다시 홍역균이 침입하게 되면 우리 몸은 이것을 기억하여 홍역균

피터 메더워 박사는 영국인 사업가의 아들로 브라질에서 태어났다. 옥스퍼드대학에서 동물학을 공부했다. 피터 메더워 박사는 1960년에 면역관용의 업적으로 노벨상을 받았다.

면역관용이란 무엇일까?

피터 메더워 박사는 일란성 쌍둥이 사이에는 장기이식의 경우 서로 거부반응이 일어나지 않는 것을 발견했다. 이와 같이 거부반응을 일으키지 않는 것을 '면역관용'이라고 한다. 쌍둥이끼리만 이식수술을 할 수 있다면 이식수술의 혜택을 받을 수 있는 사람은 매우 드물 것이다.

1948년 메더워 박사는 소에게 피부이식수술을 하였는데 놀랍게도 혈연관계가 없는 일부 소에서도 이식된 피부가 거부반응을 일으키지 않고 잘 붙어 있는 것을 발견했다. 이들은 서로 근친 교배를 하고 있었기 때문에 일란성 쌍둥이와 같이 면역관용이 일어나서 거부반응이 나타나지 않았다. 이로 인해 우리 몸은 **면역기관**을 혼동시켜야 이식수술이 성공한다는 것을 알게 된 것이다.

면역기관
병이나 감염으로부터 신체를 방어하는 체계

에 대한 항체를 내보내 공격함으로써 홍역균을 모두 없애 버린다. 이 때문에 우리는 홍역에 두 번 다시 걸리지 않는다.

비슷한 방식으로 우리 몸은 다른 개체로부터 이식된 피부에 대해 몇 주에 걸쳐서 반응한다. 이때 우리 몸은 이식한 피부가 자기 자신에게서 온 것이 아닌 것을 알게 되고, 이것에 대한 항체를 만든다. 이렇게 몇 주가 지나면 항체가 충분히 만들어져 이식된 장기나 조직은 거부되고 만다.

우리 몸의 방어 체계 면역계를 발견하다

1950년대에 이르러 과학자들은 우리 몸이 외부에서 유래한 조직을 거부한다는 것을 알아냈다. 이러한 현상을 연구하는 동안 과학자들은 우리 몸에는 매우 복잡한 방어 체계가 있는 것을 알게 됐다.

우리 몸의 표면은 외부에서 침입하는 세균으로부터 보호하는 방어막이 있는데 피부와 호흡 기관을 덮고 있는 점액질이 모두 중요한 방어막이 된다. 또한 우리 몸 안에는 침입자를 선택적으로 공격하는 매우 특별한 세포들이 많이 있는데 이들이 우리 몸의 면역기관을 이루고 있다.

림프구는 무엇일까?

림프구는 크게 'B세포'와 'T세포'로 구분한다. B세포는 항체를 만드는 세포이고, T세포는 좀 더 적극적으로 행동하는 세포이다. 일부 T세포는 직접 침입자를 죽일 수 있다. 또 다른 T세포는 특별한 물질을 분비해서 대식세포가 침입자를 더욱 잘 공격할 수 있도록 돕는다.

우리 몸의 백혈구는 어떤 역할을 할까?

혈액 속에는 우리 몸을 침입자로부터 지키는 일을 하는 세포들이 있다. 적혈구와는 달리 붉은 색을 띠지 않아서 '**백혈구**(white blood cell)'라고 한다. 백혈구 가운데 다른 세포보다 크고 침입한 세균들을 잘 잡아먹는 세포가 있는데 이를 '**대식세포**(macrophage)'라고 한다.

1950년대 후반에 과학자들은 백혈구 가운데 일부 세포들이 특별한 침입자만을 골라서 공격하는 것을 발견했다. 이 세포들을 '림프구(lymphocyte)'라고 한다. 바로 이 '림프구'가 이식한 장기를 거부하는 세포들이다.

1950년대 후반 프랭크 맥팔래인 버닛은 림프구가 어떻게 침입자만 선택적으로 공격하는지 밝혀냈다.

림프구는 외부 침입자를 만나면 우선 세포 분열을 하여 세포를 증식시키고, 동시에 침입자에 대해서 선택적인 항체를 분비한다. 분비된 항체가 침입자에 붙게 되면 대식세포와 특별한 살해세포와 같은 다른 백혈구들이 침입자를 인식해서 우리 몸의 면역기관은 특별한 침입자를 선택적으로 공격한다.

이런 방법을 통해서 우리 몸의 면역계는 특별한 미생물을 방어하는 방법을 배우게 된다. 침입자가 처음으로 우리 몸에 들어온

백혈구
크고 하얀 혈액 세포로 체내 방어계에서 중요한 역할을 한다. 백혈구는 림프구, 단핵구, 과립구 등으로 구성된다.

대식세포
백혈구의 일종으로 감염 세포를 삼킨다.

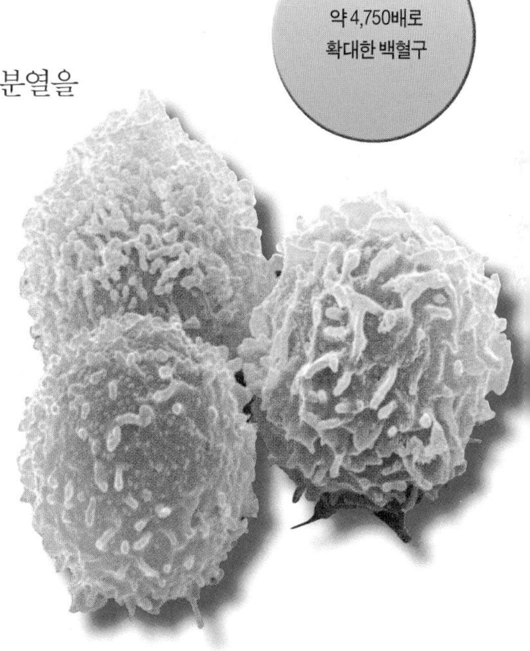

약 4,750배로 확대한 백혈구

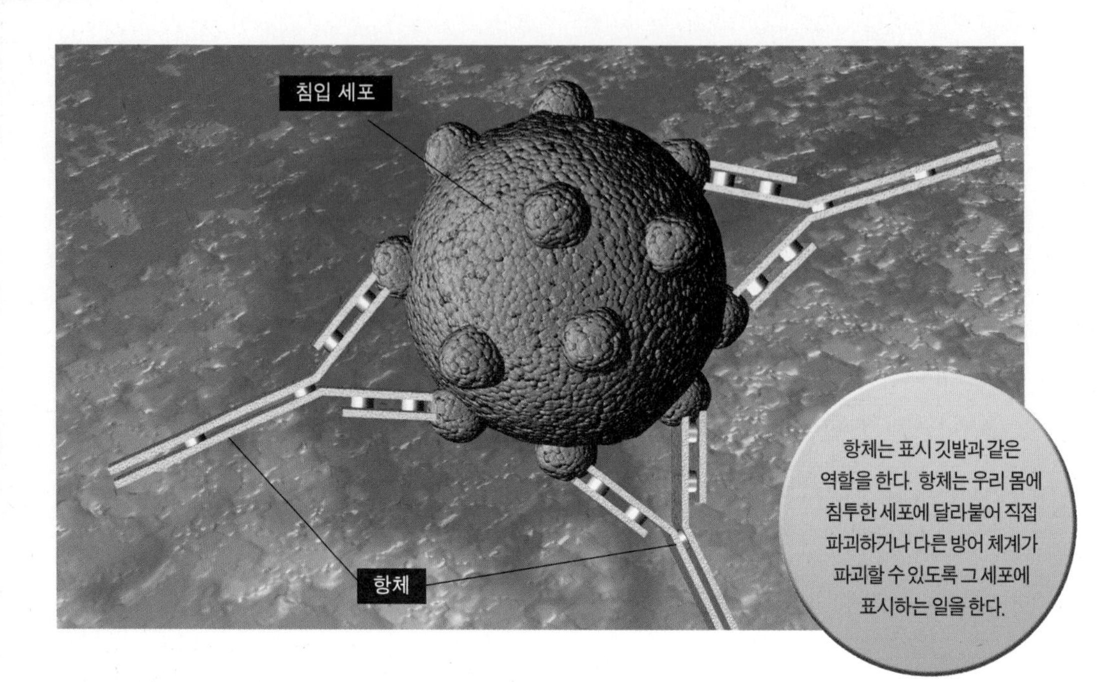

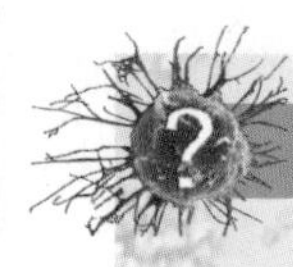

항체와 항원은 무슨 일을 할까?

모든 세균과 외부 세포들은 세포 표면에 '항원(antigen)'이라는 표식이 있다. 우리 몸은 외부에서 유래한 항원을 만나면 이 항원을 각각 선택적으로 인식할 수 있는 '항체(antibody)'가 만들어진다. 항체는 Y자 모양으로 생긴 단백질로 침입자의 표면에 있는 항원에 선택적으로 달라붙는다. 일부 항체는 침입자가 제대로 활동하지 못하도록 방해하며 일부 항체는 침입자에 붙어서 대식세포와 같은 백혈구가 더욱 쉽게 공격할 수 있도록 도와준다.

경우에는 이 침입자에 대한 항체가 만들어지는 데까지 시간이 좀 걸리지만 다음에 동일한 침입자가 다시 들어오면 우리 몸은 매우 빨리 반응한다. 이와 같은 이유로 이식된 장기나 조직은 처음에는 생존하는 것처럼 보이나 항체가 만들어지면 거부반응이 거세져서 망가지게 되는 것이다.

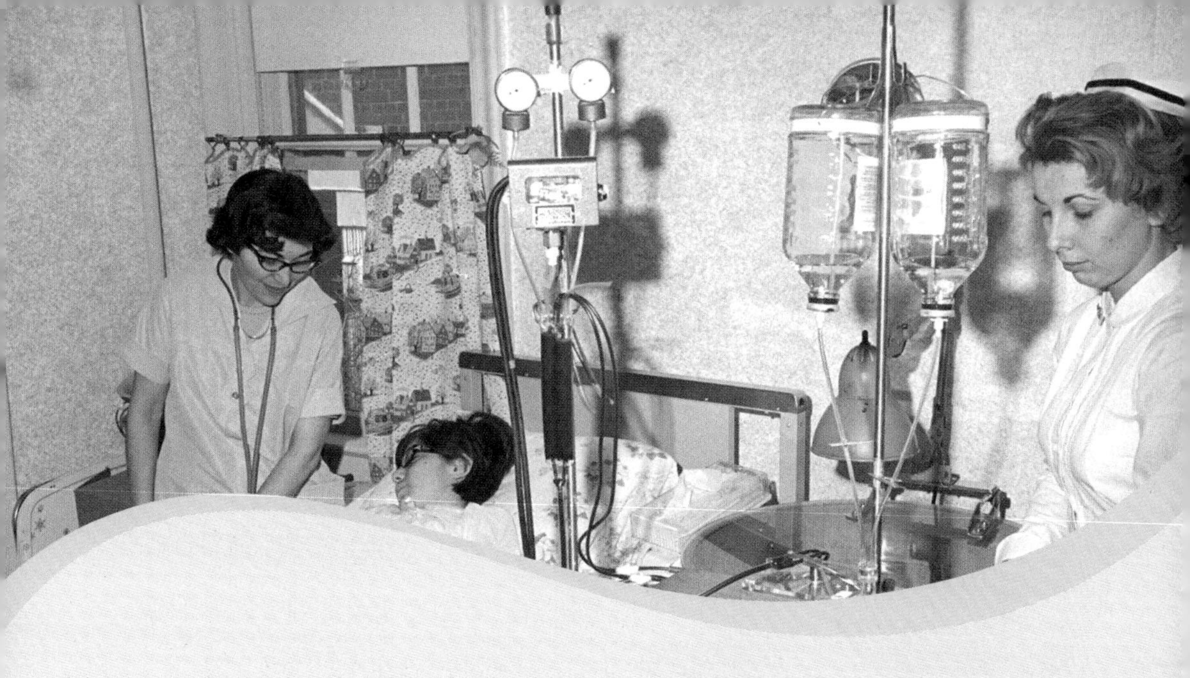

첫 번째 장기 이식수술

이식한 장기와 조직이 왜 거부되는지를 알기까지
많은 시간이 걸렸다. 거부반응이 염려돼도 환자를 살리기 위해서
의사들은 꾸준히 장기 이식수술을 시도했다.
그 첫 번째 장기 이식수술은
신장이식수술이었다.

기계 장치가 신장의 역할을 대신하다

신장을 이식하기 위해서는 환자의 신장을 일시적으로 대신할 수 있는 기계가 필요했다. 1938년 네덜란드 의사인 빌렘 콜프 박사는 젊은 환자가 신장병으로 사망하는 것을 보고, 이를 치료할 수 있는 방법을 찾기 시작했다.

신장의 단면 그림. 사구체(nephron)가 왼쪽에 붉은색의 신동맥을 통해서 들어온 혈액을 걸러서 노폐물을 소변으로 만들어 노란색 관인 요관으로 내보낸다.

신장은 혈액에서 노폐물을 거르는 역할을 한다. 콜프 박사는 기계 장치를 이용해서 망가진 신장을 대신해서 우리 몸의 노폐물을 거를 수 있는 장치를 개발하고자 했다. 이러한 기계를 사용하면 망가진 신장이 회복되는 데에도 도움이 될 수도 있었다. 이처럼 우리 몸의

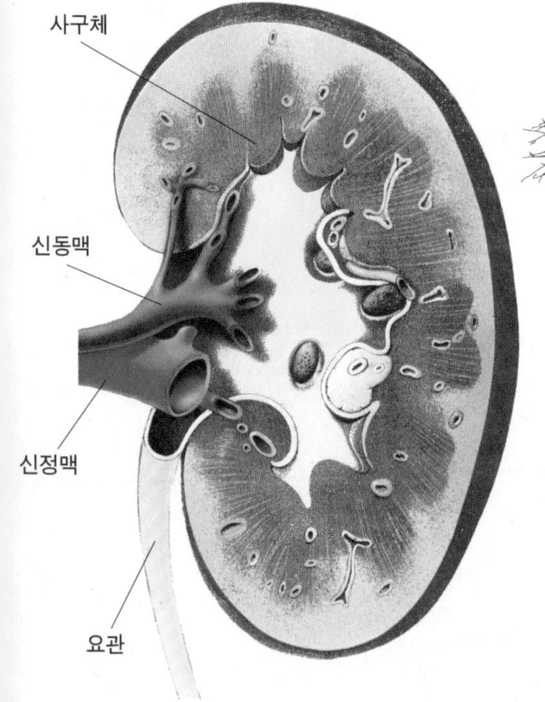

신장은 어떤 일을 할까?

신장은 피를 청소하여 맑게 하는 일을 하며, 우리 몸의 노폐물을 걸러서 소변으로 내보내고, 혈액 양을 일정하게 유지하는 일을 한다. 이와 같은 일을 하기 위해서 신장은 우선 혈액에서 세포와 단백질을 제외한 모든 것을 걸러 낸 후, 우리 몸에 필요한 물질과 우리 몸에 알맞은 양의 물을 다시 혈관으로 보내고 나머지 물질(노폐물)과 물을 소변으로 내보낸다.

노폐물을 거르는 일을 '투석(dialysis)'이라고 한다.

투석
혈액을 여과하는 과정. 주로 신장을 대체하여 체외 기계를 통해 이루어진다.

최초의 투석 기계를 발명하다

콜프 박사가 투석 기계 제작을 시작한 것은 제2차 세계대전 중이었다. 독일의 나치가 네덜란드를 침공한 매우 위험한 상황에서도 콜프 박사는 주변에 있는 물건들을 이용하여 투석 기계를 만들었다. 피를 거르는 필터는 소시지 껍질에 구멍을 내서 만들었고, 피를 담는 용기는 오렌지 주스 깡통으로 만들었다. 또한 세탁기의 드럼을 이용해서 피가 필터로 들어갈 수 있는 장치도 만들었다.

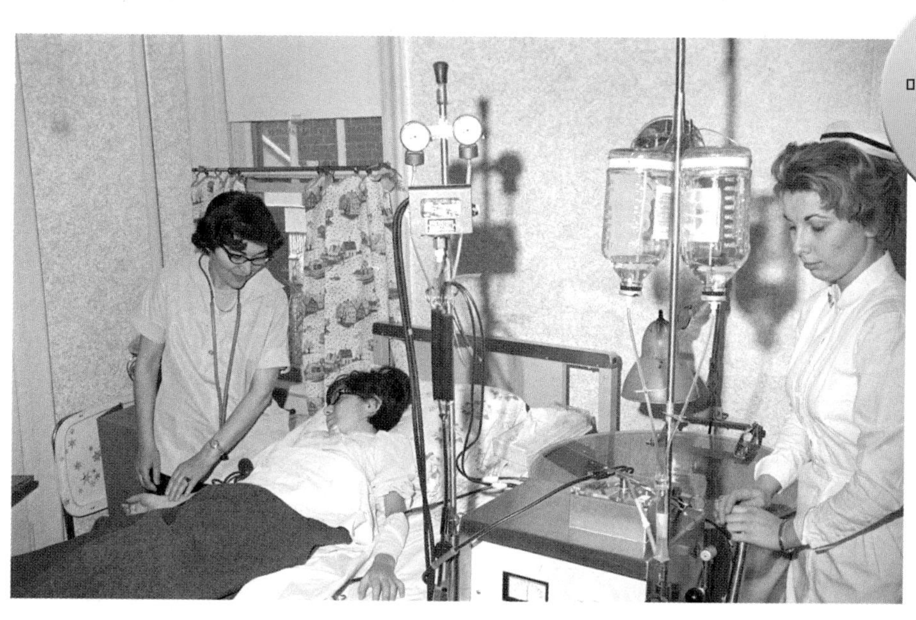

1960년대 중반, 미국에서 15세의 환자가 혈액 투석을 받고 있다.

콜프 박사의 기계는 매우 조잡했지만 제대로 작동했다. 1945년 콜프 박사는 이 기계를 사용하여 신장병에 걸려 죽어가는 환자를 치료했다. 치료 후 11시간이 지나서 환자는 깨어났는데, 이후 환자는 여러 해를 더 살 수 있었다.

신장 두 개 가운데 하나만 있어도 살 수 있다

외과 의사들은 콜프 박사가 개발한 투석 기계가 망가진 신장이 회복될 수 있도록 시간을 연장해 줄 뿐만 아니라 신장이식 수술을 하는 동안 환자의 생명을 유지시킨다는 것을 알았다.

1952년 프랑스 파리의 한 여성이 외과 의사 르네 커스 박사

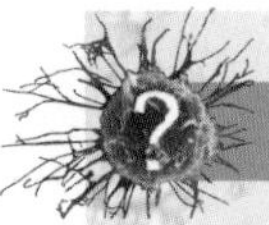

투석기 꼭지가 어떻게 만들어졌을까?

치료할 수 없는 말기신장병을 가진 환자는 주기적으로 투석을 해야 한다. 요즘은 콜프 박사의 투석 기계를 개량한 최신 투석 기계를 사용하지만 투석을 받을 때마다 환자는 주사 바늘을 이용해서 기계의 튜브를 혈관에 연결해야 한다. 결국 많은 혈관들이 주사 바늘에 의해서 망가지는 문제가 있었다. 1950년대 말에 벨딩 슈라이브너 박사는 새로운 해결 방법을 발견했다. 슈라이브너 박사는 당시 새로 개발된 물질인 테플론으로 작은 연결꼭지(tap)를 만들어서 환자의 팔에 넣어 주었다. 이 장치를 '션트(shunt)' 라고 하는데 오랫동안 녹슬거나 망가지지 않았다. 또한 투석 기계와 연결하는 것도 플라스틱 튜브를 이용하여 쉽게 할 수 있게 되었다.

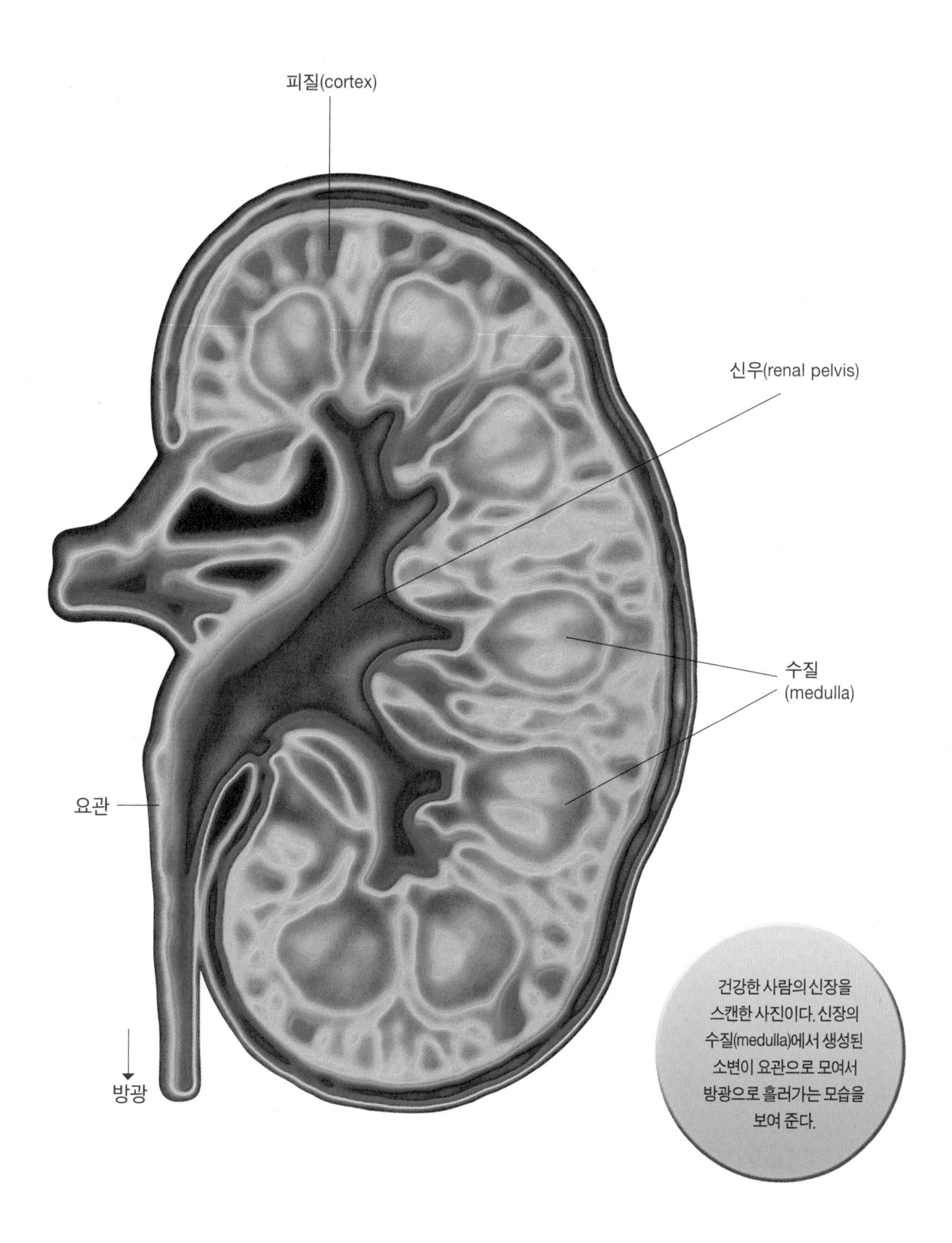

건강한 사람의 신장을 스캔한 사진이다. 신장의 수질(medulla)에서 생성된 소변이 요관으로 모여서 방광으로 흘러가는 모습을 보여 준다.

를 설득하여 자신의 한쪽 신장을 자신의 아들에게 주는 수술을 받았다. 그 여성의 아들은 신장이 망가져서 투석으로 생명을 연장해 가고 있었다. 아들은 곧 엄마의 신장을 이식받았고, 이식받은 신장은 정상적으로 작동하였다. 그러나 아들은 2주도 되지 않아서 세상을 떠나고 말았다.

세계 최초로 장기 이식수술에 성공하다

1954년 미국 보스턴의 한 병원에서 조지프 머리 박사는 세계 최초로 장기 이식수술에 성공했다.

환자는 리처드 헤릭이었고, 신장 기증자는 그의 쌍둥이 형제인 로널드였다. 머리 박사는 이들은 일란성 쌍둥이라서 거부반응이 일어날 확률이 적을 것으로 생각했다. 머리 박사는 먼저 쌍둥이의 혈액형을 검사하였고, 서로 같다는 것을 확인했다. 다

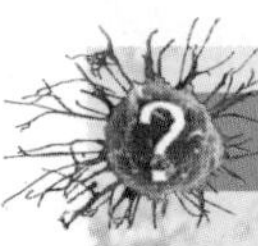

신장은 어떻게 기증받을까?

신장이식수술에 사용하는 신장은 대부분 생전에 기부 의사를 밝힌 사망자로부터 얻는다. 일부 환자들은 건강 기증자에게서 신장 하나를 기증받기도 한다.
우리 몸의 신장은 두 개인데 신장이 하나만 있어도 건강한 상태를 유지할 수 있다. 대개 기증자는 친척이므로 거부반응이 일어날 확률이 상대적으로 적다. 건강 기증자의 신장이 이식되는 것은 영국의 경우 10%, 미국의 경우 25% 정도이다.

음으로 머리 박사는 조그만 피부이식수술을 통해 거부반응이 일어나는지도 확인했다. 그렇게 해서 1954년 12월 23일 머리 박사는 신장이식수술을 시행하였다.

수술은 3시간 30분 동안 진행되었다. 머리 박사는 수술실에서 쌍둥이 형제인 로널드의 신장을 하나 떼어 내어, 옆 수술실에 있는 리처드에게 로널드의 신장을 이식하였다. 수술은 매우 성공적이어서 이식받은 신장은 매우 잘 작동하였다.

그 후 리처드는 회복실에서 그를 돌보아 준 간호사와 결혼하여 2명의 자녀를 두기도 했다. 리처드는 신장이식수술을 받은 후 8년을 더 살다가 심장마비로 세상을 떠났다.

일란성 쌍둥이끼리는
거부반응 없이
장기를 서로 주고
받을 수 있다.

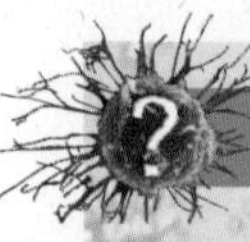

왜 일란성 쌍둥이가 생길까?

어떤 쌍둥이는 아주 똑같이 생겼다. 이들을 '일란성 쌍둥이'라고 한다. 일란성 쌍둥이는 하나의 수정란이 갈라져서 생긴 것이다. 이란성 쌍둥이는 서로 다른 수정란에서 유래한 것이다. 마치 형제자매와 같다. 일란성 쌍둥이는 항상 성(sex)이 같고, 혈액형도 같다.

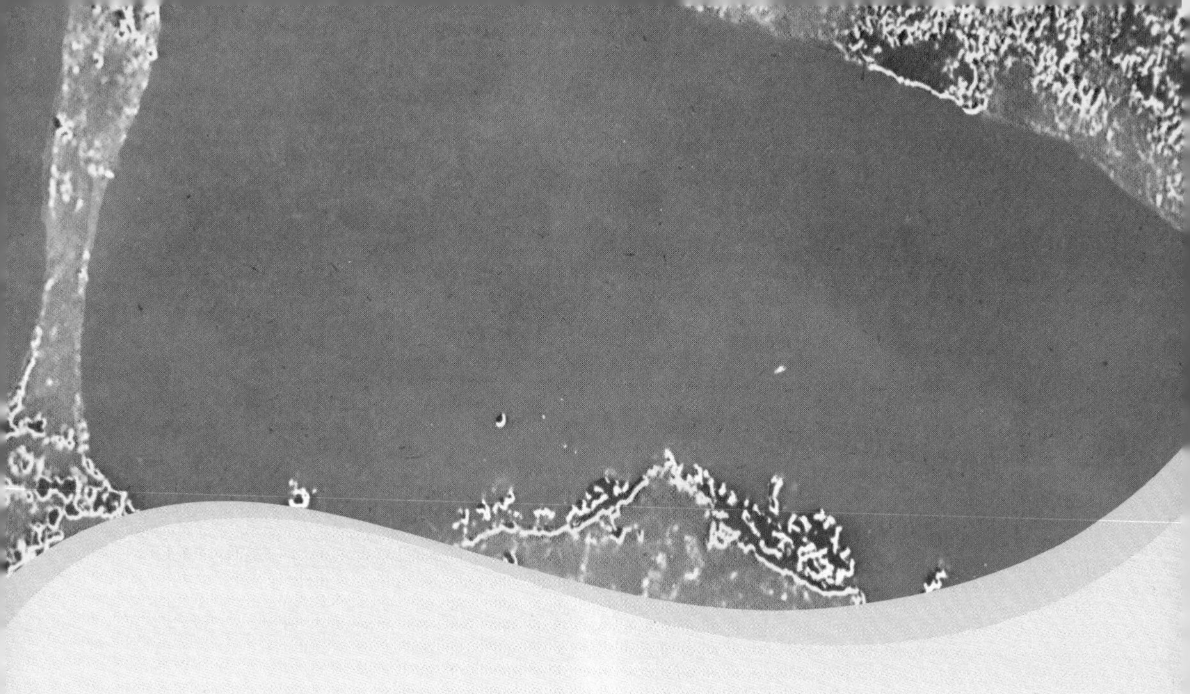

거부반응 이겨내기

조지프 머리 박사의 신장이식수술이 성공한 후,
다른 외과 의사들도 이식수술을 시도했다.
하지만 거의 모든 경우 이식한 신장은 거부반응이 일어났고,
일란성 쌍둥이 사이에서만 거부반응이 일어나지 않았다.
의사들은 해결책을 찾아야 했다.

면역 기능
외부에서 들어온 병원균에 저항하는 힘

아자티오프린
세포의 증식를 막는 약제이며 초기에는 소아의 암치료제로 사용하였고, 이후에는 백혈구 증식을 억제하여 이식장기 거부반응 치료제로 사용하였다.

백혈구의 세포 분열을 방해하면 거부반응이 줄어들까?

처음에는 우리 몸의 면역 기능을 약하게 만든다면 거부반응이 줄어들 것이라고 생각하였다. 그래서 환자에게 많은 양의 X선을 쬐였는데 결국 환자는 **면역 기능**이 약해져서 사소한 감염에도 병에 걸리고 말았다.

미국의 혈액학자인 윌리엄 데임쉑 박사(1900~1969)는 항암제인 '6-mp'를 사용할 생각이었다. 암 세포는 세포 분열이 너무 과도해서 문제인데 6-mp는 암 세포의 세포 분열을 방해하는 약제이다.

과학자들은 거부반응의 과정을 알고 있었다. 거부반응이 일어나는 것은 이식수술을 하게 되면 백혈구가 먼저 세포 분열을 해서 그 수가 늘어나 이식한 장기를 공격하는 것이다. 데임쉑 박사는 6-mp가 암 세포의 세포 분열을 막듯이 백혈구의 세포 분열을 방해한다면 거부반응을 억제할 수 있을 것으로 기대했다.

면역억제제가 거부반응을 줄이다

데임쉑 박사는 토끼를 이용한 실험으로 자신의 생각이 옳다는 것을 증명했다. 그 뒤 1960년대 초반 영국의 로이 칼느 박사는 개의 신장이식수술을 시술하면서 6-mp와 유사한 약인 '**아자티오프린**(azathioprine)'을 사용했다.

수술은 매우 성공적이어서 신장이식수술을 받은 '롤리팝'이라는 이름의 개는 오랫동안 잘 살았다.(29쪽 참조)

드디어 칼느 박사는 사람의 이식수술에도 아자티오프린을 적용하기로 한다.

칼느 박사의 이식수술 환자들은 아자티오프린을 사용하여 이전보다 결과가 더 좋았다. 그러나 아직도 일부의 환자만이 생존하는 정도였다.

1963년 미국의 토머스 스타즐 박사는 매우 획기적인 치료 결과를 얻게 된다. 그 역시 모든 이식수술 환자에게 아자티오프린을 투여했다. 스타즐 박사는 환자를 면밀히 관찰해서 거부반응이 일어나는 기미가 보이는 환자에게는 다량의 '**스테로이드**'도 투여했다. 이와 같이 두

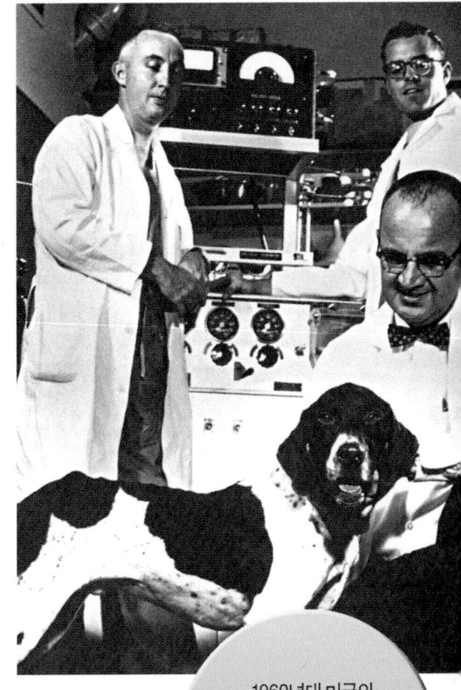

1960년대 미국의 스탠포드대학에서 심장판막 이식수술을 받은 '샘'이라는 이름의 개.

스테로이드
몸의 방어기전을 억제하고 발적과 부종을 줄이는 약제

스테로이드는 무엇일까?

부신피질스테로이드(corticosteroids) 또는 스테로이드는 지난 세기 동안 기적의 약으로 불렸다. 몸에 상처가 생기거나 병에 걸리면 우리 몸은 염증 반응을 일으킨다. 염증 반응은 상처를 치료하는 데 매우 중요하지만 너무 심하면 우리 몸이 망가진다.
우리 몸에서 분비하는 스테로이드는 염증 반응이 너무 심해지는 것을 막는 일을 한다. 스테로이드 약제는 천연 스테로이드를 모방하여 사람들이 만든 것이다. 스테로이드 약제는 천식, 류마티스 관절염을 비롯해서 많은 병을 치료하는 데 사용한다. 여기서 말하는 스테로이드 약제는 일부 운동 선수들이 불법적으로 근육을 키우는 데 사용하는 근육 강화 스테로이드(anabolic steroid)와는 다른 것이다.

면역억제제
체내 방어막을 줄이는 데 사용되는 약

항생물질
미생물을 죽이거나 성장을 억제시키는 물질

종류의 약을 투여하니 환자의 거부반응은 놀랍도록 줄어들었다.

아자티오프린과 스테로이드는 우리 몸의 면역 기능을 방해하기 때문에 '면역억제제'라고 한다.

혈액형 검사와 조직형 검사를 시행하다

면역 기능을 약하게 하는 면역억제제를 사용하면 이식받은 장기에 대한 거부반응이 적게 일어난다. 그러나 모든 경우에 면역억제제가 잘 작용하는 것은 아니며, 종종 약제 자체가 환자를 많이 아프게 한다. 그렇기 때문에 의사들은 환자에게 잘 맞으면서도 거부반응을 덜 일으키는 건강 기증자를 찾기 위해 애쓴다.

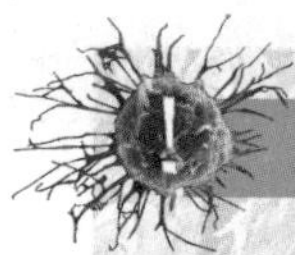

획기적인 면역억제제의 개발

스위스 제약 회사의 연구자들은 토양의 곰팡이를 연구하기 위해서 주머니에 흙을 모으고 있었다. 이들은 **항생물질**을 생산하는 곰팡이를 찾고 있었다.
1960년대 초반에 '톨리포클라디움 인플라툼(Tolypocladiuminflatum)'이란 곰팡이를 발견하였고, 여기에서 '**사이클로스포린**(cyclosporine)'을 분리하였다.
사이클로스포린은 아자티오프린보다 훨씬 효과적으로 면역 반응을 억제하였다. 사이클로스포린은 매우 효과적이어서 아자티오프린과는 달리 이식수술을 받은 환자가 스테로이드를 따로 투여받지 않아도 되었고, 환자의 회복도 훨씬 빨랐다.
사이클로스포린은 여러 시험을 거친 후 1983년에 판매 승인을 받았다.

기증자를 찾게 되면 먼저 환자와 기증자의 혈액형이 같은지 확인해야 한다. 그뿐만이 아니다. 의사들은 혈액형 말고도 우리 몸이 어떻게 다른 사람의 세포를 인식하고 거부하는지를 알아야 한다.

사람백혈구항원은 모두 같을까?

일란성 쌍둥이가 아니면 어느 누구도 사람백혈구항원이 동일하지 않다. 여러분의 사람백혈구항원의 반은 어머니와 비슷하고, 나머지 반은 아버지와 비슷하다. 혈연관계가 있는 친척들은 다른 사람들보다 서로 비슷한 사람백혈구항원을 가지고 있을 확률이 높다.

분자 여권(Molecular passports)이란 무엇일까?

1960년대에 과학자들은 우리 몸의 거의 모든 세포의 표면에 특별한 표지 단백질 분자가 존재하는 것을 발견하였다. 이 단백질을 '사람백혈구항원(human leukocyte antigens)'이라고 한다. 이는 이 단백질들이 특히 백혈구에 많이 발현하기 때문에 붙인 이름이다.

사람의 백혈구를 약 26,400배 확대한 그림. 세포의 표면에 불규칙하게 보이는 붉은 색의 반점들이 사람백혈구항원(HLA)이다.

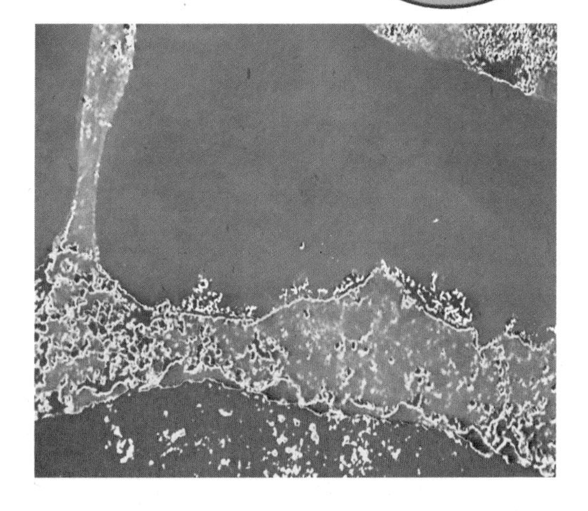

사람백혈구항원은 우리 몸의 세포를 구별해 주는 일종의 분자 여권(Molecular passports)이다. 세포 표면의 사람백혈구항원을 통해서 우리 몸의 면역기관은 어떠한 세포가 자기 것인지 남의 것인지를 구별한다. 결국 면역 세포들은 이식된 장기의 세포에 있는 사람

조직 적합 검사
환자의 혈액과 기증자의 혈액이 얼마나 가깝게 맞는지를 보는 세포 검사

백혈구항원을 보고 우리 몸의 세포가 아니라는 거부반응을 일으키는 것이다. 의사들은 혈액 세포를 이용해서 환자와 기증자의 사람백혈구항원이 얼마나 일치하는가를 검사하는 것이 매우 중요하다는 것을 알았다. 이러한 검사를 '조직 적합 검사(tissue typing)'라고 한다. 사람백혈구항원이 서로 비슷할수록 이식된 장기가 거부되는 확률이 더 적었다.

자인 하쉬미 이야기

자인 하쉬미는 매우 희귀한 혈액 질환인 '지중해빈혈'을 앓고 있다. 자인은 계속해서 수혈을 받아야 했고 오래 살 수 있으려면 조직형이 완전히 일치하는 골수를 이식받아야 했다. 자인에게 새로 태어나는 형제가 있다면 자인과 똑같은 조직형일 수 있다. 그러나 확률은 이론적으로 4분의 1에 불과하다.
의사들은 자인과 완전히 일치하는 조직형을 가지는 수정란을 골라 자인 어머니의 자궁에 넣어 임신하면 태어나는 아이의 탯줄에 있는 줄기세포를 이용해서 자인의 골수를 정상으로 회복시킬 수 있다. 이 모든 과정에 대한 자인 하쉬미 가족들의 허락을 얻은 상태이지만, 형의 치료를 위해 줄기세포를 이용하려고 생명을 탄생시키는 문제는 논란이 일고 있다. 물론 새로 태어난 아이한테는 아무 지장이 없다.

자인과 부모님이 함께 찍은 사진

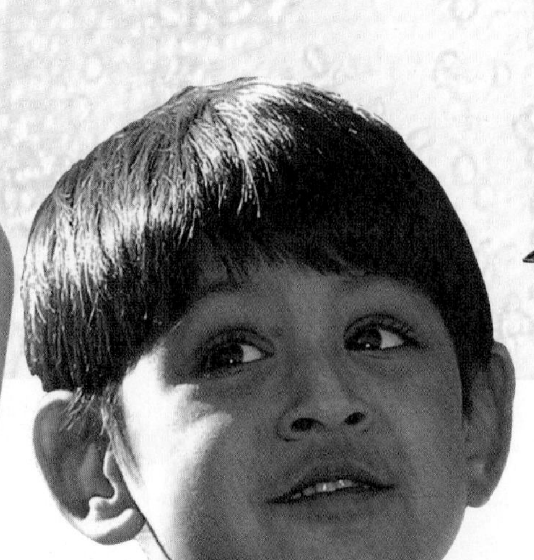

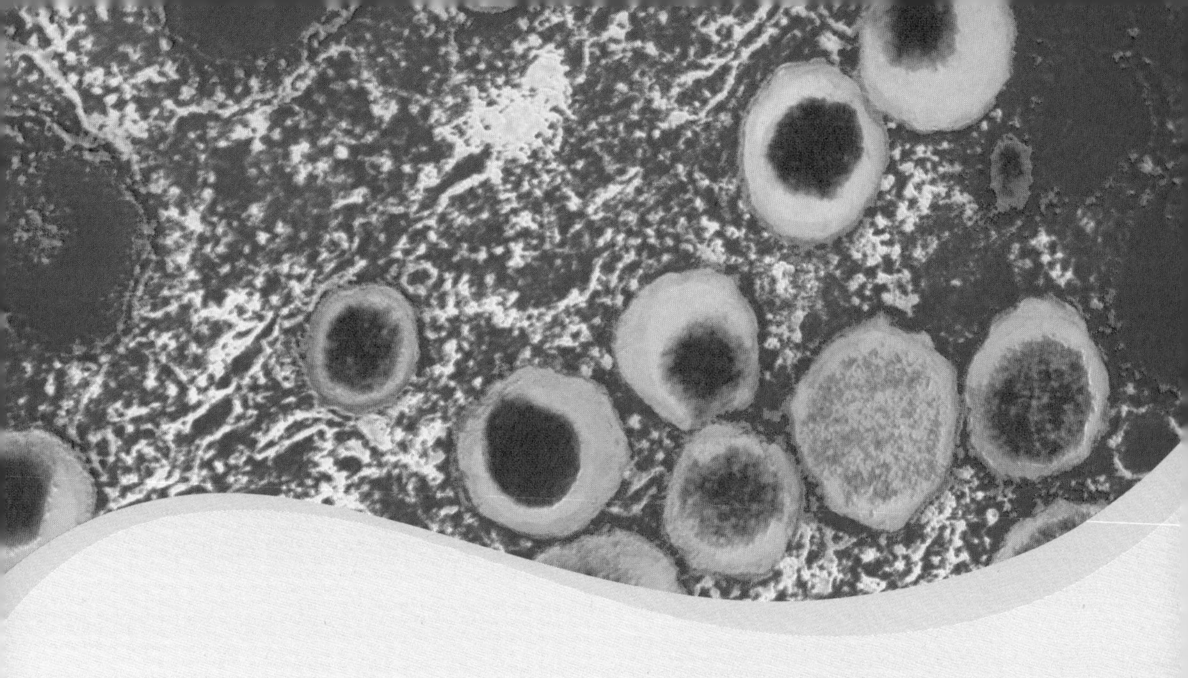

췌장과 간이식수술

신장이 나빠지면 종종 당뇨병이 생긴다.
당뇨병은 췌장에 생기는 병이다. 신장이식수술을 하는
의사들은 신장이 나빠서 당뇨병이 생긴 경우에
신장을 이식하는 동시에 췌장도 함께 이식해야 한다고 생각했다.

인슐린
혈액 내 혈당을 조절하기 위해 만들어지는 체내 호르몬

호르몬
몸의 반응을 유도하는 물질

당뇨병 때문에 신장이식을 받게 된다

당뇨병은 췌장이 '인슐린'이라는 호르몬을 제대로 분비하지 못해서 생기는 병이다. 인슐린은 혈액을 돌면서 세포들이 혈액 속에 있는 포도당을 잘 이용할 수 있도록 돕는 호르몬이다. 인슐린이 없으면 세포들은 포도당을 이용하지 못하는데 그렇게 되면 혈액 속의 포도당 농도는 매우 높아진다.

1920년대에 의사들은 동물에서 분리한 인슐린을 주기적으로 환자에게 주사해 주면 당뇨병을 치료할 수 있다는 것을 알아냈다. 인슐린은 당뇨병의 모든 증상을 멈추게 하는 것 같았다. 그러나 혈액 속에 있는 포도당의 농도가 약간이라도 높아지면 결국 혈관은 손상된다. 그러면 당뇨병 환자는 종종 시력을 잃게 되고 신장까지 나빠지고 만다. 실제 신장이식을 받아야 하는 환자의 대부분은 당뇨병 때문이다.

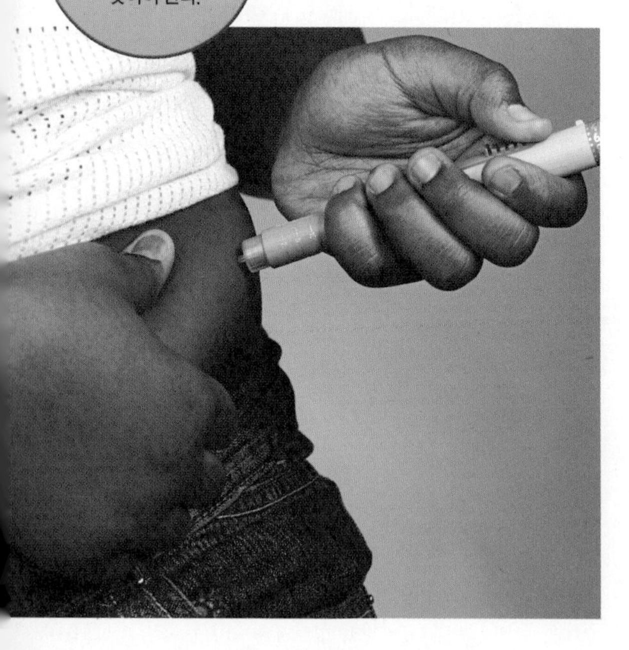
당뇨병이 심한 환자들은 매일 인슐린 주사를 맞아야 한다.

췌장과 신장을 동시에 이식하다

당뇨병은 췌장이 역할을 하지 못해서 생기는 병이기 때문에 신장이식수술을 하더라도 다시 신장이 나빠질 수 있다. 그래서 의사들은 신장과 동시에 췌장도 이식해야 한다고 결정했다. 건강한 췌장은 인슐린을 제대로 분비할 수 있기 때문이다.

1967년 리차드 릴레헤이 박사는 미국의 미네소타 대학교에서 세계 최초로 신장과 췌장을 동시에 이식하는 수술을 수행하였다.

동시 이식수술의 경우 거부반응 문제로 성공하는 경우가 매우 드물었으나 아자티오프린과 스테로이드에 이어서 1983년 이후 획기적인 면역억제제인 '사이클로스포린'이 개발되자 수술 결과는 전혀 달라졌다(50쪽 참고). 현재에는 매년 수천 명의 환자들이 신장과 췌장을 동시에 이식받고 있다.

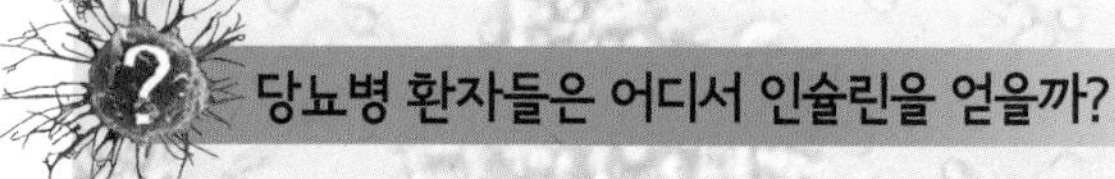

당뇨병 환자들은 어디서 인슐린을 얻을까?

반세기 이상 당뇨병 환자들은 동물의 인슐린을 사용했다. 1980년에 과학자들은 유전공학의 방법을 이용하여 사람의 인슐린을 만드는 방법을 개발하였다. 그러나 많은 당뇨병 환자들은 유전공학적 방법으로 만든 사람 인슐린보다 동물에서 자연적으로 만든 인슐린이 더 효과적이라는 것을 알게 되었다.

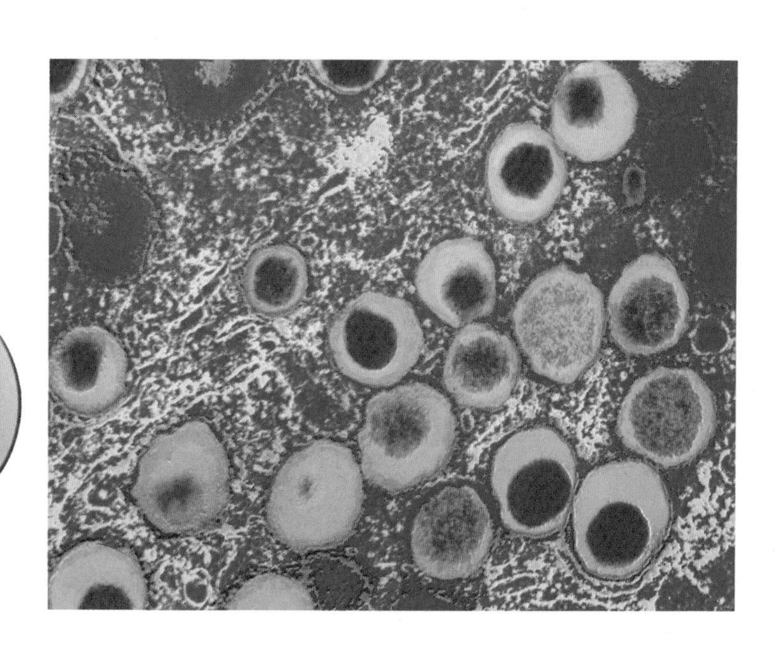

인슐린을 분비하는 췌장의 랑게르한스 세포를 19,200배로 확대한 사진

간이식을 시도하다

신장이식수술이 발전한 이후, 간이식도 가능하지 않을까 생각했다. 그러나 간이식수술은 훨씬 어려운 수술이다.

신장이식수술을 받은 환자는 투석 기계의 도움을 받으면 이식받은 신장이 제대로 역할을 하는 한 오랜 기간 생존할 수 있다. 그러나 간의 경우는 다르다. 망가진 간을 대신하여 지방을 분해하고 독소를 제거할 수 있는 기계는 없기 때문에 이식받은 간이 바로 기능하지 않으면 환자는 사망하게 된다. 또한 간은 신장보다 훨씬 크고 다루기 어렵다. 더욱이 간은 혈액 공급이 중단되면 금방 망가지기 때문에 기증자가 사망한 직후 15분 내에 바로 간을 떼어서 차갑게 식히지 않으면 간은 망가져 버린다.

간은 다루기 어려움에도 불구하고 간이식을 하지 않으면 환자들은 바로 사망하기 때문에 의사들은 계속해서 간이식수술

췌도이식이란 무엇일까?

인슐린은 췌장에 있는 작은 세포덩어리인 '췌도'에서 분비된다. 1970년대에 의사들은 환자에게 췌장 전체 대신 췌도만 이식해도 당뇨병을 치료할 수 있다는 것을 알았다. 이와 같이 췌도 세포를 이식하는 것이 점점 더 일반적이었고, 수술 결과는 더욱 성공적이었다. 물론 환자는 거부반응을 억제하기 위해서 평생 사이클로스포린이나 스테로이드를 투여받아야 한다.

을 시도해 왔다.

1963년에 미국의 토머스 스타즐 박사와 영국의 로이 칼느 박사에 의해 간이식수술이 시도되었다. 두 사람의 각각의 수술 과정은 성공적이었다. 그러나 환자 모두 나중에 거부반응이 일어나 결국 사망하였다.

외과 의사가 기증자의 간을 운반용 얼음주머니에서 꺼내 든 모습

간이식 환자의 90% 이상이 생존하다

외과 의사들은 수술 기법을 발전시켰지만 이식받은 환자의 4분의 3은 일 년 이내에 사망했다. 그러나 1983년에 이르러 새로운 면

어떤 질환이 간을 망가지게 할까?

간경화와 간암 등 많은 병이 간을 망가지게 한다. 바이러스성 간염은 간에 생기는 병 가운데 대표적이다. HCV는 C형 간염바이러스를 의미한다. C형 간염바이러스는 미국과 같은 선진국에서는 혈액을 통해 전염되는 병 가운데 가장 흔하다.
C형 간염바이러스에 감염된 환자의 혈액을 수혈받는 경우 걸리기 쉽다. 우리나라에는 이보다는 A형 간염바이러스(HAV)와 B형 간염바이러스(HBV)가 더 심하다. A형 간염바이러스는 전염성이 매우 강하고 음식물을 통해서도 전염이 잘 돼서 최근에 환자가 많이 늘고 있다. B형 간염바이러스는 음식물과 혈액을 통해서 전염이 되는데 C형 간염바이러스처럼 환자가 위중하게 되는 경우가 많아서 특히 우리나라의 간경화와 간암의 중요한 원인이 된다.

C형 간염바이러스의 컴퓨터 그림. 단백질 외피가 파란색으로 표시되어 있다. 바이러스 표면의 오렌지색 막대 같은 물질이 바이러스가 세포에 붙어서 감염되는 것을 도와준다.

역억제제인 사이클로스포린이 개발되면서, 간이식 환자의 거부반응은 획기적으로 줄었다. 로이 칼느 박사는 이 약을 사용하여 놀랄 만한 성과를 얻었다. 이후에는 간이식수술을 받은 환자의 90% 이상이 일 년 이상 생존하였고, 많은 환자들이 완전히 건강을 회복하였다.

간이식의 선구자 토머스 스타즐 박사

"돼지의 간은 인간과 비슷해서 돼지의 간이식수술을 시행했던 실험은 우리에게 확신을 주었다. 돼지를 이용한 실험은 작은 언덕이었고, 인간의 간이식은 에베레스트 산과 같았다. 토머스 스타즐 박사가 1963년 처음 그 산에 등정하였다."

- 로이 칼느 지음, 《생명의 선물(*The Gift of Life*)》 중에서

심장이식

1960년대 초반까지 외과 의사들은
신장, 췌장, 간이식수술을 시행하였다.
이제 의사들은 심장이식수술의 가능성을
이야기하기 시작하였다.

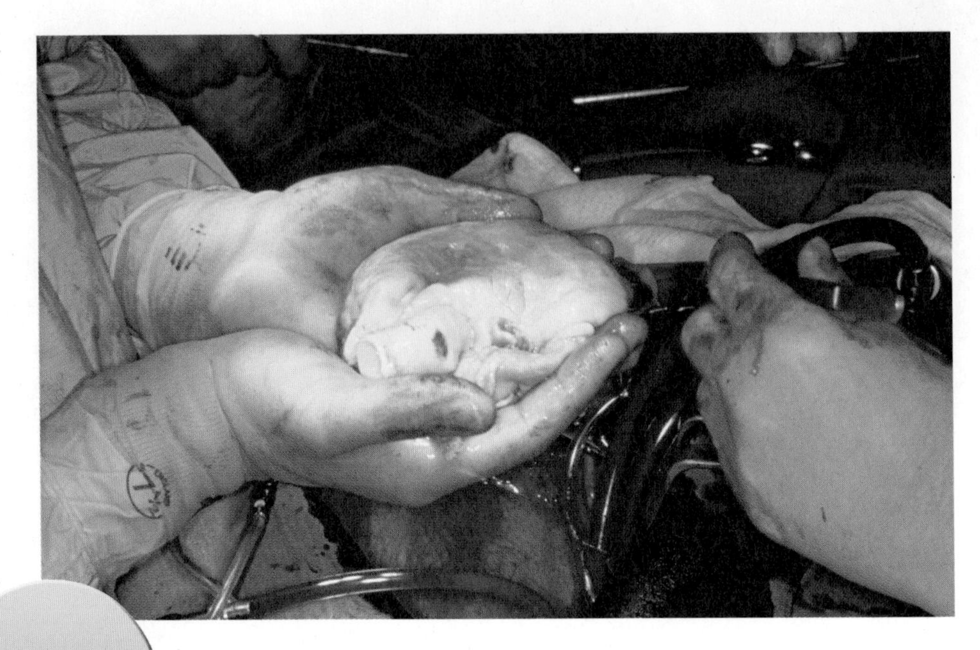

외과 의사들이 심장이식수술을 하고 있는 모습

최초로 개의 심장이식수술에 성공하다

심장이 뛰어서 혈액을 통해 우리 몸에 산소가 공급되지 않으면 우리는 바로 죽는다. 즉 심장이 활동하지 않으면 바로 사망하기 때문에 환자에게 심장을 이식하는 일은 특히 어렵다.

이와 같은 어려움에도 불구하고 미국 스탠포드대학교의 노먼 셤웨이 박사와 리처드 로우어 박사는 심장이식수술을 시도하기로 하였다.

첫 번째로 필요한 일은 환자의 병든 심장을 떼어 내는 동안 심장이 뛰지 않도록 하는 것이다. 셤웨이 박사는 심장을 얼음물에 담가서 차게 하면 심장이 멈춘다는 것을 알았다. 그 다음으로는 인공심장 기계를 이용해서 이식받은 새로운 심장이 작동하기 전까지 환자의 혈액순환을 유지하는 일이 필요했다. 셤웨이 박사와 로우어 박사는 시신을 이용해서 심장을 떼어 내고, 다시 혈관을 붙이는 수술을 연습하였다.

1958년 노먼 셤웨이 박사와 리처드 로우어 박사는 수술 기법이 익숙해지자 개의 첫 심장이식수술을 시도하였다. 수술 결과는 성공적이었다. 하지만 여전히 해결해야 할 문제들이 남아 있었다.

심장이식수술의 시대가 열리다

1967년 남아프리카공화국의 외과 의사 크리스티안 바너드 박사는 모험을 강행하기로 생각했다. 그는 셤웨이 박사와 로우어 박사의 동물 수술 기법을 실제 사람에 적용해 보기로 하였다. 환자는 불치의 심장병을 앓고 있던 55세의 루이스 워샨스키였고, 자동차 사고로 뇌사 상태에 빠진 젊은 여성의 심장을 기증받아 수술을 진행하기로 했다.

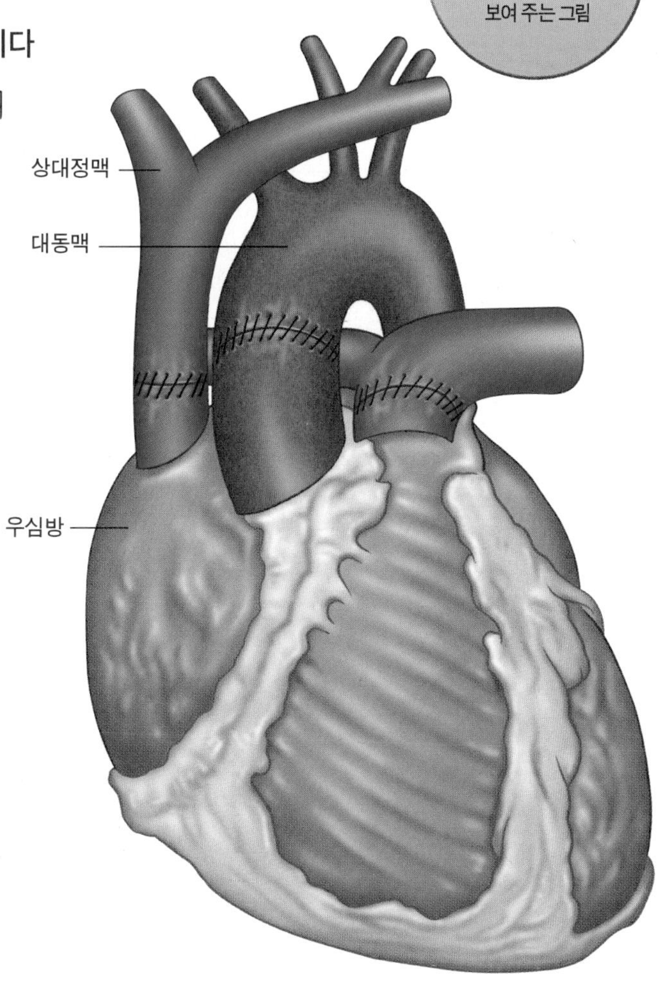

이식받은 심장이 환자의 혈관에 연결된 모습을 보여 주는 그림

수술은 남아프리카공화국에서 많은 관심을 받으면서 진행되었다. 수술은 성공적이었다. 하지만 면역 기능을 억제하기 위해서 사용한 약제가 너무 강한 나머지 면역 체계 이상으로 환자는 수술 후 18일째에 이르자 폐렴에 걸려 사망하였다.

그러나 이 수술을 시작으로 심장이식수술 시대의 막이 올랐음을 알 수 있었다.

그 뒤 새로운 면역억제제인 사이클로스포린이 사용되면서 환자의 거부반응을 획기적으로 줄일 수 있었다. 이제는 매년 수천 명의 사람들이 심장이식수술로 생명을 얻고 있다.

인공심장을 만들다

오늘날 많은 사람들이 심장이식수술에 의해서 생명을 구하고 있지만, 기증되는 심장이 매우 부족한 실정이다.

1960년 대 후반, 의학자들은 기계 장치를 이용해서 인공심장을 만드는 시도를 시작하였다. 인공심장은 보통 수술할 때 사용하는 커다란 기계 장치와 달리 사람의 심장 크기로 만드는 작고 정교한 것이다.

심장이 주로 하는 일은 혈액을 펌프질하는 것이다. 결국 인공심장은 금속과 플라스틱을 사용해서 조그만 펌프를 만드는 것이다. 즉 전기 모터가 펌프를 움직여서 혈액순환이 가능하도록 하는 것이다. 그러나 짐작하겠지만 사람의 심장을 대신할 수 있는 펌프를 만드는 일은 매우 정교한 작업이 필요하다.

첫 번째 인공심장은 '브릿지(bridges)'라고 이름 붙였는데 환자가 기증자의 심장을 기증받기 전까지 일시적으로 사용한다는 의미로 이름 지었다.

1969년 O.H. 프레이져 박사는 미국 휴스톤에서 환자에게 처음으로 이러한 인공심장을 이식했다. 그러나 안타깝게도 환자는 심장 기증자를 구하기 전에 사망하고 말았다.

인공심장이 많은 생명을 구하다

사실 기증자의 심장을 이식받은 환자들도 거부반응 때문에 여전히 사망률이 높았다.

의사들은 인공심장을 개선해서 심장이식을 받기 전에 잠깐

심장이식수술은 어떻게 할까?

심장이식수술은 기증자가 사망하는 즉시 기증자의 심장을 떼어 내는 일이 중요하다. 몸에서 떼어 낸 심장은 바로 특수 용액에 담가져서 차갑게 보관하면서 환자에게 운반된다. 심장이 도착하면 환자의 마취가 시작되고, 수술하는 동안 환자는 인공심장의 도움으로 혈액순환이 가능하여 생명을 유지한다.
외과 의사는 환자의 심장을 차갑게 하여 박동을 멈추게 한 뒤 병든 심장을 떼어 내고, 기증된 새로운 심장을 환자에게 이식하기 위해 모든 혈관들을 하나씩 연결한다. 수술을 마친 뒤 이식된 심장을 따뜻하게 하면 심장은 바로 박동을 시작한다. 때로는 간단한 전기 자극으로 심장의 박동을 도와주기도 한다.

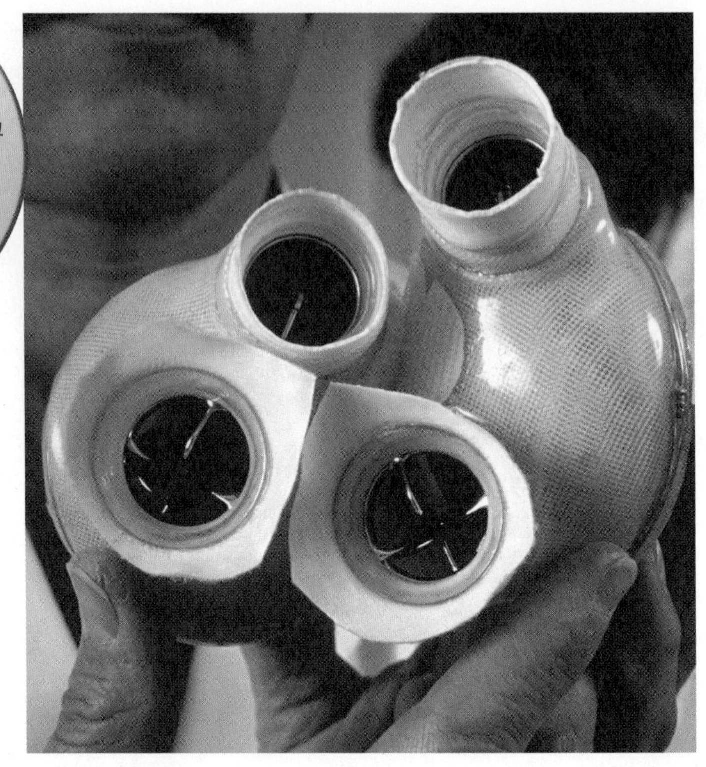

로버트 자빅이 만든
인공심장 '자빅-7'의 모습.
알루미늄과 플라스틱으로 만들어졌고
압축공기와 전기로 움직인다.
'자빅-7'은 1982년 미국에서
처음으로 환자에게
이식되었다.

사용하는 것이 아니라 환자가 영구적으로 사용할 수 있게 연구개발할 필요가 있었다.

드디어 '자빅-7'이라는 인공심장이 개발되었고, 1980년대 초반부터 죽어 가는 많은 환자들에게 인공심장이 이식되었다. 인공심장을 이식받고 2년을 더 생존한 사람도 있다.

1983년 사이클로스포린이 개발된 이후 환자의 거부반응이 획기적으로 조절되면서 기증자의 심장을 이용한 이식수술은 매우 활기를 띠었다. 그러면서 인공심장에 대한 관심이 줄었으나 곧 기증자의 심장이 부족하여 다시 연구개발을 진행해야 했다.

2001년 좀더 개량된 조그만 인공심장인 '아비오코어(AbioCor)'가 심장병 환자인 로버트 툴스에게 이식되었고, 이후에 십수 명의 환자가 이 심장을 이식받았다. 모든 환자가 2개월 이상 생존하지 못했지만, 인공심장이 없었다면 며칠밖에 살 수 없었다. 이처럼 연구개발이 꾸준히 이루어진 덕분에 인공심장의 기술은 점점 발전했다.

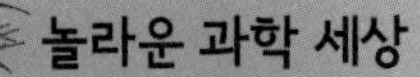

심장은 여러분의 주먹 크기보다 조금 더 큰 정도이다. 그럼에도 하루에 9,000리터 이상의 혈액을 펌프질한다. 이 정도의 양은 목욕 욕조를 100개 이상 채우고도 남을 양이다. 심장은 이러한 펌프질을 평생 동안 쉬지 않는다. 더욱이 심장은 몸의 필요에 따라서 심장의 박동 수를 조절한다. 이와 같은 놀라운 일을 할 수 있는 인공심장을 만드는 것은 사실 매우 어려운 일이다.

심장과 폐를 동시에 이식하다

심장이식이 필요한 환자는 폐도 같이 망가져 있는 경우가 많다. 폐는 가슴 속에서 심장을 둘러싸고 있기 때문에 외과 의사들은 심장과 폐를 동시에 이식하는 방법을 생각했다.

심장과 폐를 동시에 이식해야 하는 경우 선천적으로 두 장기가 함께 망가진 아주 어린 환자들이다. 사실 수술하지 않으면 환자는 1~2년 내에 사망하게 된다. 그래서 의사들은 좀 더 적극적으로 심장과 폐를 동시에 이식하는 것을 생각했다.

1940년대에 이미 러시아 외과 의사 블라드미르 데미코프 박사는 강아지의 심장과 폐를 동시에 이식수술했다. 이 수술에서 데미코프 박사는 몇 분 내에 혈액 공급이 회복되지 않으면 이

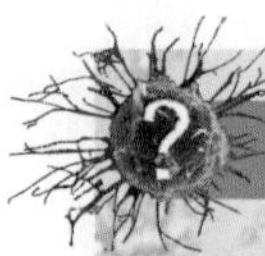

인공심장은 얼마나 시끄러울까?

여러분의 귀를 다른 사람의 가슴에 대고 심장의 박동소리를 들을 수 있다. 이때 두 종류의 소리(lub-DUB)가 일정하게 들린다. 이것은 심장의 밸브가 열렸다 닫히는 소리다. 또 심장의 박동은 손목에 있는 동맥의 박동을 통해서도 느낄 수 있다. 인공심장의 경우 지속적으로 움직이는 스쿠루로 작동하기 때문에 박동이나 맥박을 느낄 수 없다. 첫 번째 개발된 인공심장은 환자의 몸에서 시끄러운 소리를 냈지만, 최근에 개발된 인공심장은 조용하다.

식한 폐가 금방 망가지는 것을 발견하였다. 게다가 수술을 하면서 신경들도 다시 연결해 주어야 하는데, 작은 동물의 경우는 이 작업이 매우 힘든 일이다. 결국 작은 동물을 이용한 수술은 한 번도 성공하지 못했다.

1970년대에 미국 미네소타 주의 외과 의사 알도 카스타네다 박사는 원숭이 수술에서 심장과 폐의 동시 이식수술이 가능하다는 것을 알았다.

심장과 폐의 동시 이식수술을 받은 바분원숭이들은 수년 동안 생존하였다. 외과 의사들은 이제 사람의 심장과 폐를 동시에 이식하는 일은 심장만 이식하는 일보다 오히려 간단할 것으로 기대하였다.

1968년, 최초의 심장이식수술이 있은 지 1년 후 미국인 외과 의사인 덴톤 쿨리 박사는 최초로 심장과 폐 동시 이식수술을 시행하였다. 환자는 태어난 지 2개월밖에 안 된 아기였는데 아기는 수술 후 14시간 동안 생존하였다.

이식수술의 비약적인 발전이 이루어지다

1980년대 초반에 이르러 획기적인 면역억제제인 사이클로스포린이 개발된 덕분에 미국 스탠포드대학교의 브루스 라이츠 박사와 노먼 셤웨이 박사는 다시 한 번 심장과 폐의 동시 이식수술을 시도할 필요가 있다고 생각했다. 1981년, 브루스 라이츠 박사는 광고 담당 이사인 45세의 매리 골크의 심장과 폐 동시 이식수술을 시행했다.

수술은 매우 성공적이었다. 거부반응을 줄이기 위해 사용한 면역억제제 때문에 환자는 다른 문제로 고생하였지만, 수술받

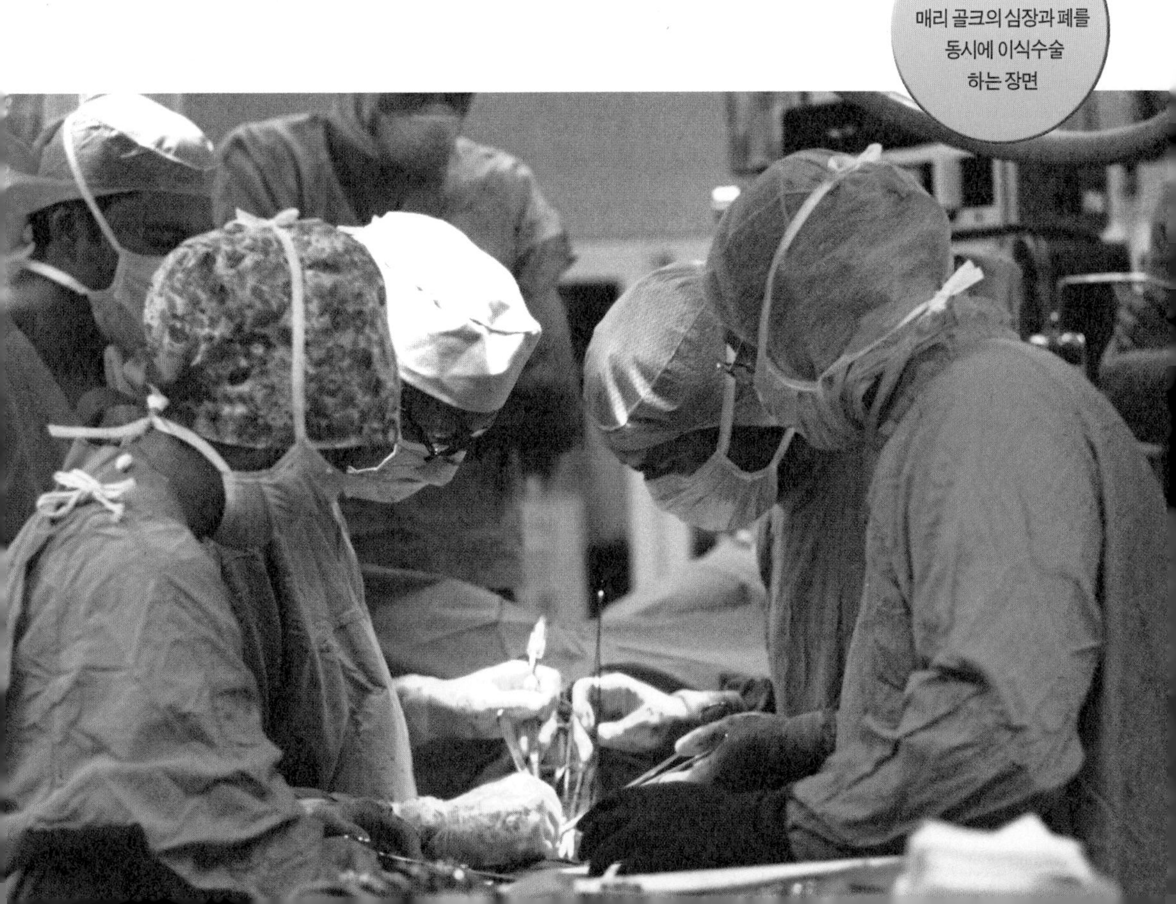

외과 의사들이 매리 골크의 심장과 폐를 동시에 이식수술 하는 장면

은 메리는 현재까지 건강하게 잘 살고 있다.

이제 어린 아기의 심장과 폐 동시 이식수술은 흔한 일이 되었다. 해마다 세계적으로 약 800~1000건 정도의 심장과 폐 동시 이식수술이 진행되고 있으며 수술받은 환자의 50% 이상은 적어도 5년 넘게 더 생존한다.

최초로 심장과 폐의 동시 이식수술을 받은 매리 골크 이야기

이식수술은 환자에게 매우 위험한 수술이다. 사실 수술 후 환자가 더 오래 산다는 것도 보장되지 않았다. 그렇기 때문에 이식수술을 할 것인지 하지 않을 것인지를 결정하는 것은 매우 어려운 일이다. 최초로 심장과 폐 동시 이식수술을 받은 매리 골크는 "확실한 것은 다음과 같습니다. 만일 담당 의사인 브루스 라이츠 박사가 내게 와서 '매리, 일이 좀 잘못되어서 심장과 폐 동시 이식수술을 다시 한 번 더 해야 돼요.' 라고 말한다면 나는 바로 그렇게 하자고 대답할 겁니다."

-매리 골크 지음, 《내일을 선택하겠습니다 *I'll Take Tomorrow*》

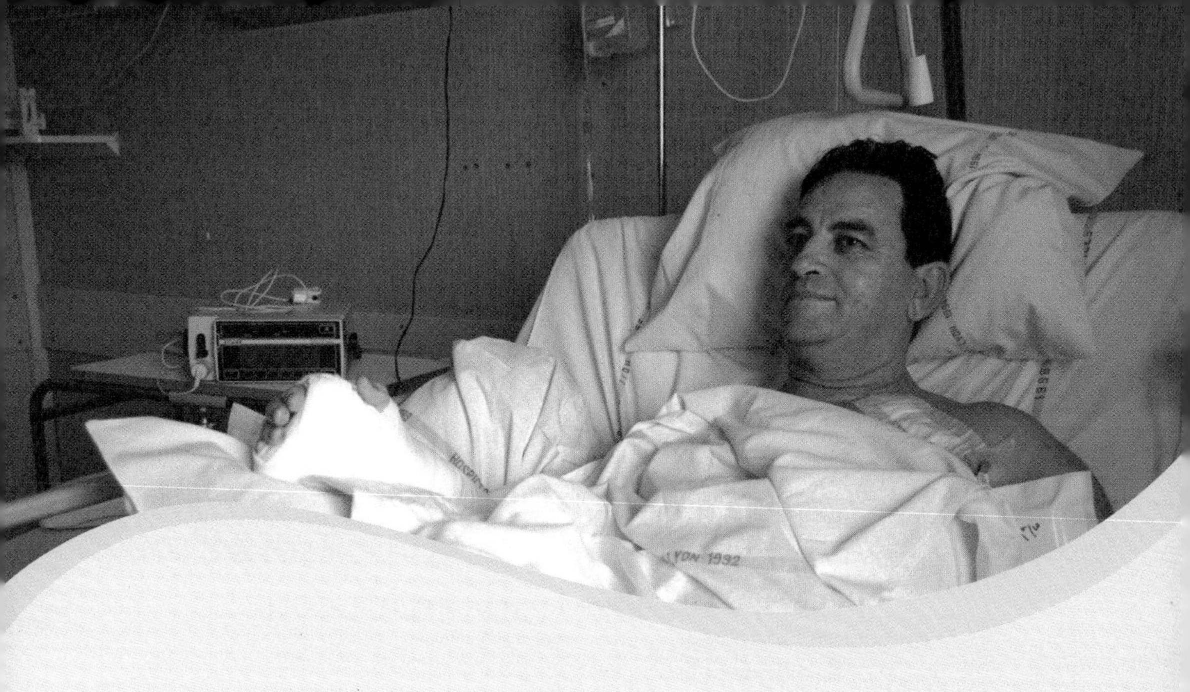

손이식수술

장기 이식수술 과정에서 서로 연결해야 하는 것의
대부분은 혈관이다. 손을 이식하는 경우에는
뼈, 힘줄 그리고 아주 작은 신경까지도 연결해야 한다.
1990년대 후반 거의 모든 장기의
이식수술이 일반화되었다.
이제 외과 의사들은 손도 이식할 수 있을까?

손과 팔을 동시에 이식하다

1920년대에 이르러 의사들은 사고로 잘려진 환자의 손을 다시 연결하는 수술을 시도했다. 그러나 다시 연결된 손은 제대로 움직이지 않았다.

1960년대에 이르자 중국의 외과 의사에 의해 신경과 힘줄을 연결하는 방법이 개발되면서 환자들은 손을 움직일 수 있었다.

그러나 당시의 이식수술은 환자 자신의 손을 다시 붙인 것이었다. 아직 누구도 기증자의 손을 이식해 보지 않았다.

병으로 환자의 손이 아주 심하게 망가졌거나 사고로 완전히 부서진 경우에는 기증자의 손을 이식하는 방법밖에 없다.

데니스 채틀리어는 세계 최초로 양쪽 팔과 손을 이식받은 사람이다. 이 사진은 수술한 지 1년이 지난 뒤의 모습이다. 왼손으로 휴대폰을 들고 통화를 하고 있다.

1990년대 후반에 이르면 거부반응을 억제할 수 있는 약이 더욱 향상된다. 1998년 프랑스 외과 의사 장 미셸 드보랑 박사는 회전톱에 의해 오른손을 잃고 14년 동안 한 손으로 살아온 뉴질랜드인 클린트 할람에게 손이식수술을 수행했다.

손이식수술은 성공적이었다. 그러나 다른 문제가 생겨서 수술 5개월 후 이식한 손을 다시 제거해야 했다.

그로부터 1년 후 미국의 매튜 스콧은 새로운 손을 이식받았다. 2000년에는 드보랑 박사가 폭발물로 팔꿈치 아래를 잃은 데니스 채틀리어에게 양쪽 손과 팔을 동시에 이식하였다. 두 사람은 모두 새로 이식받은 손으로 잘 살아가고 있다.

손은 어떻게 이식할 수 있을까?

손이식수술은 12시간에서 14시간이 걸리는 매우 어려운 수술이다. 첫째로 환자의 팔 주위를 묶어서 피가 흐르지 않게 해야 하고, 피부를 절개하여 연결할 조직을 노출해야 한다. 그 뒤 이식할 손을 금속 판 위에 놓고 팔에 가까이 댄다. 의사들은 먼저 힘줄을 연결하고, 그 다음으로 신경을 연결한 뒤 모든 혈관들을 하나씩 연결해 나간다.

힘줄과 신경, 혈관이 모두 연결되면 팔 주위에 묶은 띠를 풀어서 피가 통하게 한다. 피가 통하게 되면 창백했던 손은 분홍빛으로 바뀌게 된다. 이제 피부를 서로 꿰맨 후 마무리하면 된다.

클린트 할람 이야기

14년 동안 손이 없는 상태로 지냈던 클린트 할람은 손을 이식받은 뒤 불편한 것을 느꼈다. 이상한 느낌이 들었고, 거부반응을 억제하기 위해서 복용하는 면역억제제 때문에 계속 아팠다. 그래서 의사들은 그에게 면역억제제의 복용을 중지시켰다. 그러자 안타깝게도 이식된 손은 곧 거부반응을 일으키며 망가지게 되었다. 이식 5개월 후 결국 이식한 손을 다시 제거하였다.

클린트 할람이 손이식수술을 받은 후 회복실에 있는 모습

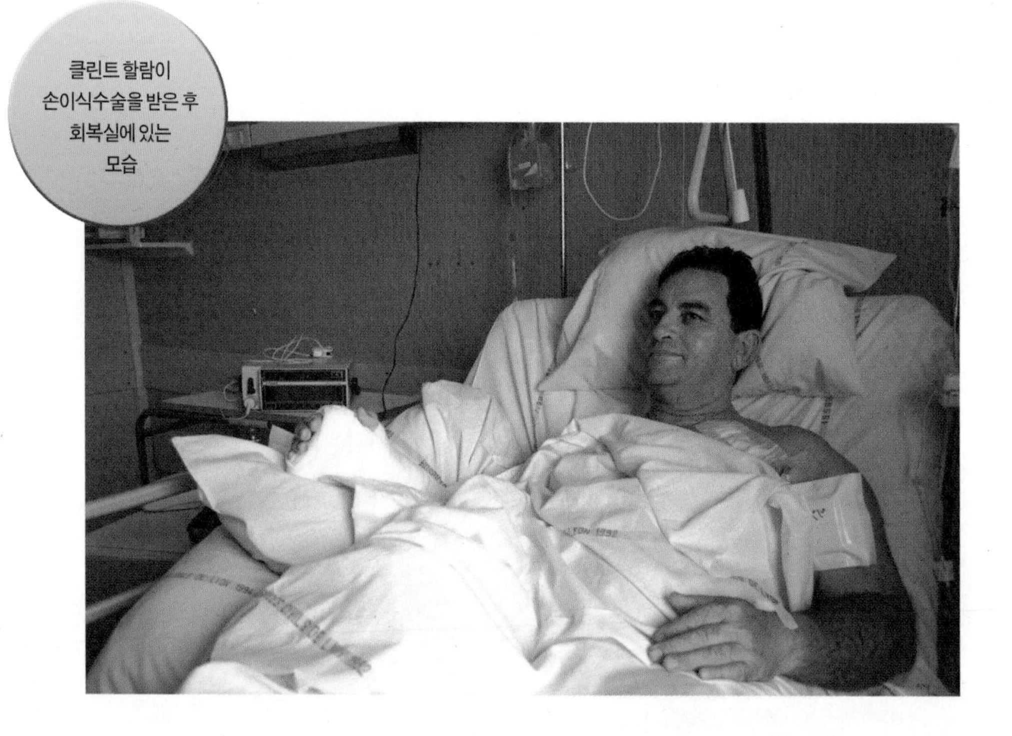

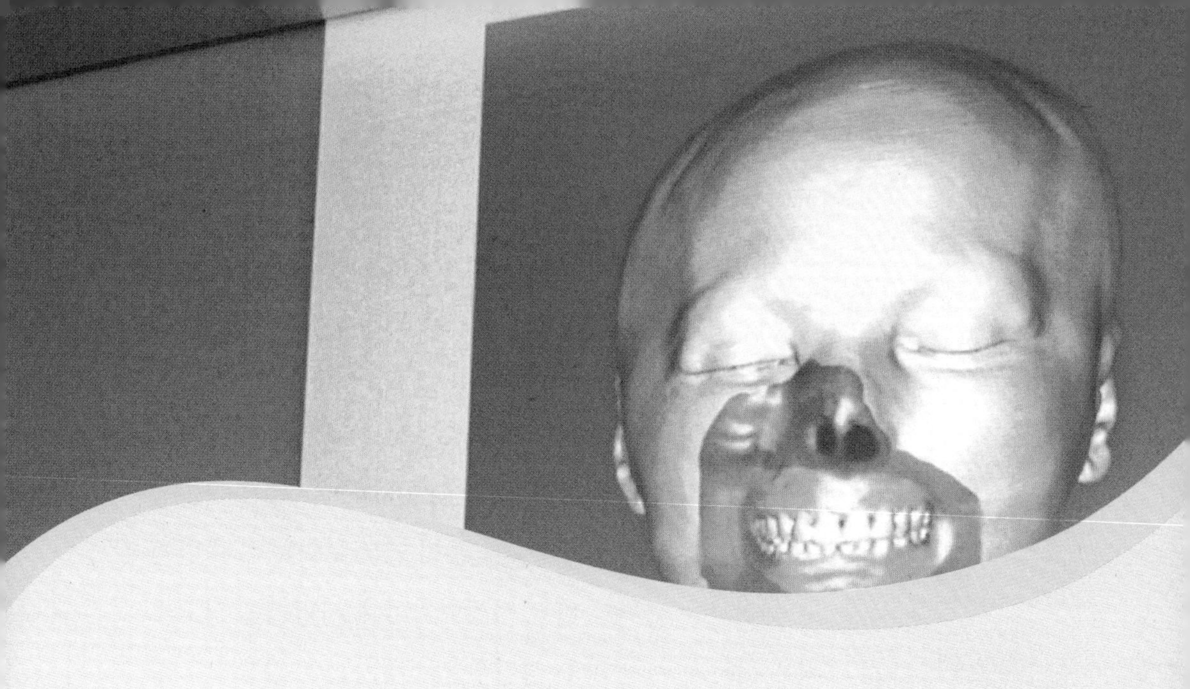

얼굴과 머리이식

이제 이식수술은 획기적으로 발전했다.
외과 의사들은 이미 손과 팔을 포함해서 거의 모든 장기를
이식할 수 있다. 한계가 더는 없는 걸까?
프랑스에서 이미 얼굴이식수술이 성공했다.
미래에는 머리 전체를
이식할 수 있는 날이 올지 모른다.

얼굴이식이 가능해지다

어떤 사람들은 사고나 병에 의해서 심하게 손상된 얼굴을 가지고 있다. 이런 사람들은 망가진 얼굴 때문에 매우 심한 스트레스를 받는다.

지난 몇 십 년 동안 외과 의사들은 특히 얼굴 부위에서 피부와 얼굴 구조물을 새로운 모양으로 다시 만드는 많은 기술을 축적하였다. 이와 같이 수술로 몸의 일부 부위를 다시 만들고 재건하는 분야가 바로 성형외과이다. 사람들은 사고로 매우 심하게 다친 경우 성형수술로 망가진 부위를 복구하기도 하며 미용 성형수술을 통해서 얼굴이나 몸을 더 나아 보이게끔 조금씩 바꾼다.

프랑스 외사 의사들이 2005년 12월 리옹에서 세미나를 하고 있다. 뒤에 보이는 그림은 최근에 부분얼굴이식수술을 수행한 프랑스 여성 환자의 모습이다.

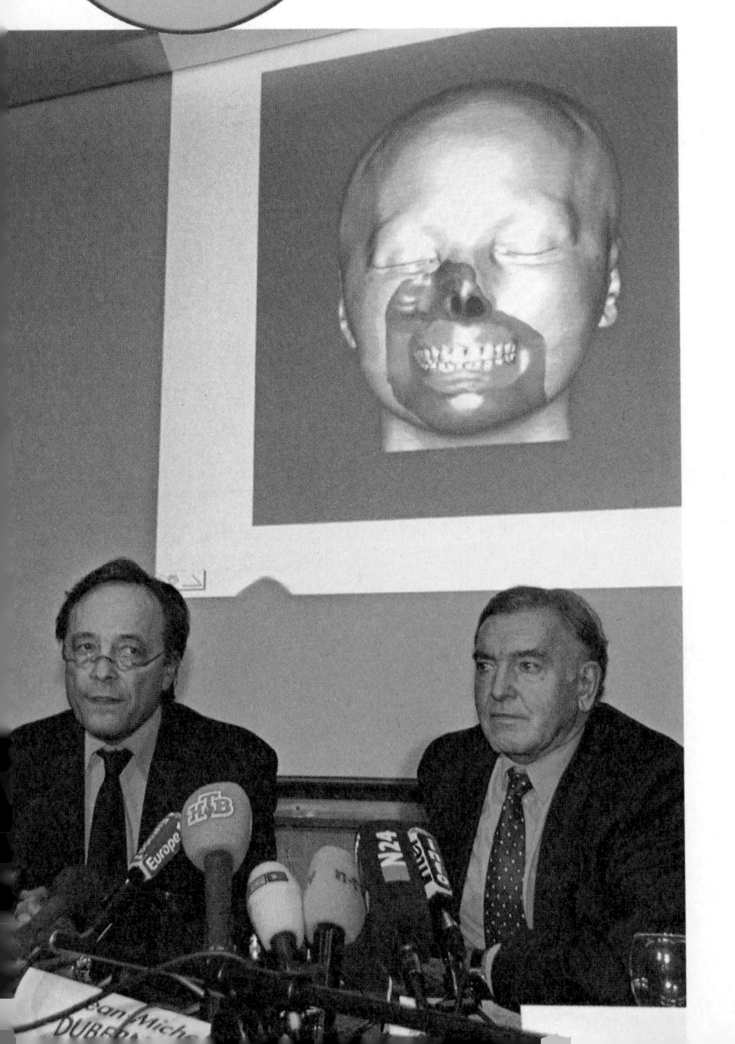

2003년 인도에서 매우 끔찍한 사고가 있었다. 11세의 소녀가 머리카락이 농장의 기계에 끼어 들어가서 소녀의 얼굴 전체가 찢어지는 사고가 생겼다. 외과 의사들은 찢어진 얼굴을 다시 붙이는 수술에 성공하였다.

2004년 일본의 의사는 심하게 화상을 입은 환자의 얼굴을 복구하였다. 수술 6개월 전 의사들은 환자의 등 피부 밑으로 풍선을 넣어서 조금씩 피부를 부풀려서 여분의 피부를 만들었고, 이 피부를 이용하여 환자의 얼굴에 이식한 뒤 눈, 코, 입 부분은 구멍을 내 주었다.

얼굴이식은 어떻게 가능할까?

2005년 11월 28일, 프랑스의 38세 여성이 부분얼굴이식수술을 받았다. 그녀의 코, 입술과 뺨은 개한테 물려서 매우 심하게 손상되었다. 의사들은 뇌사 상태에 빠진 기증자의 조직을 이용해서 부분얼굴이식수술을 수행했다.

사실 이와 같은 이식수술에는 많은 문제가 있다. 우선 첫 번

재클린 사브리도 이야기

1999년 9월 19일 아침, 미국 텍사스 주 오스틴 근처에서 생일 파티를 끝내고 집으로 오던 20세의 재클린 사브리도는 반대편 차선에서 음주 운전을 하던 차와 정면 충돌했다.
차는 곧 불타 올랐고, 재클린은 몸의 60% 이상 심한 화상을 입었다.
50번의 수술 후에도 그녀의 얼굴은 매우 심하게 뒤틀려 있었다.
그녀는 그럼에도 매우 꿋꿋하여 음주와 음주 운전을 금지하는 캠페인을 벌이기도 한다. 사람들은 그녀가 얼굴이식수술을 성공적으로 받기를 희망하고 있다.

째로 거부반응의 문제가 있다. 두 번째로는 기증자의 가족이 사랑하는 사람의 얼굴이 다른 사람에게 이식되어 기증자의 얼굴 모습을 가지게 되는 것에 심한 거부감이 있다.

하지만 얼굴 모양은 뼈대의 모양을 반영하는 것이어서 얼굴 조직을 이식하더라도 환자의 얼굴 모습은 기증자의 얼굴 모습이 아니고, 원래 환자의 모습과 비슷해진다. 그럼에도 불구하고 외과 의사들은 아직 얼굴이식수술을 꺼린다.

머리이식은 가능할까?

가장 놀라운 이식수술은 머리 전체를 바꾸는 것이다. 거꾸로 이야기하면 몸 부위 전체를 이식하는 것이다. 대부분의 의사들은 이것은 불가능하다고 생각한다. 하지만 사람들은 가능하게 되더라도 이러한 수술은 절대 해서는 안 되는 일이라고 생각한다.

미국 오하이오 주 클리블랜드의 로버트 화이트 박사는 1960년대 이후 머리이식수술을 계속 수행하였다. 1970년에 화이트 박사는 붉은털원숭이의 머리를 떼어 내어 다른 원숭이의 몸에 이식하는 수술을 시도하였고 신경을 제외한 모든 조직과 혈관을 이어 주었다. 수술 후 원숭이는 깨어나서 주변을 둘러보았고, 심지어는 화이트 박사의 손가락을 물기도 했다. 하지만 머리이식수술을 받은 원숭이는 8일 후에 죽었다.

그 뒤 수술 기술은 더욱 발달하여 1997년에는 머리이식을 받은 원숭이가 좀 더 오래 살 수 있었다.

화이트 박사는 사람의 경우 혈관과 조직이 원숭이보다 크기 때문에 수술이 더 쉬울 것으로 이야기했다. 이미 과학자들은 머리를 차갑게 식혀서 이식수술이 진행되는 동안 뇌의 손상을 최소로 줄일 수 있는 도구들도 개발하였다. 물론 기계를 이용해서 기증자의 머리에 계속 혈액이 흐를 수 있도록 하는 것이 중요하다.

프랑켄슈타인 이야기

1818년 메리 셸리는《프랑켄슈타인》이라는 유명한 소설을 썼다. 메리는 남편 퍼시 셸리와 함께 스위스에 있던 시인 로드 바이런의 집에 머물던 중 이 소설을 구상했다.
어느 우중충한 저녁 바이런은 손님들에게 괴이한 이야기를 들려주었는데 이때 소설가 메리는 시신을 이용해서 전기 자극으로 생명을 불어 넣은 인조인간이란 캐릭터를 만들어 냈다.
이 소설은 인조인간이 자신을 만든 머리가 뛰어난 젊은 의사 빅터 프랑켄슈타인 박사에 대한 증오심으로 폭력적인 괴물로 변한다는 이야기다.

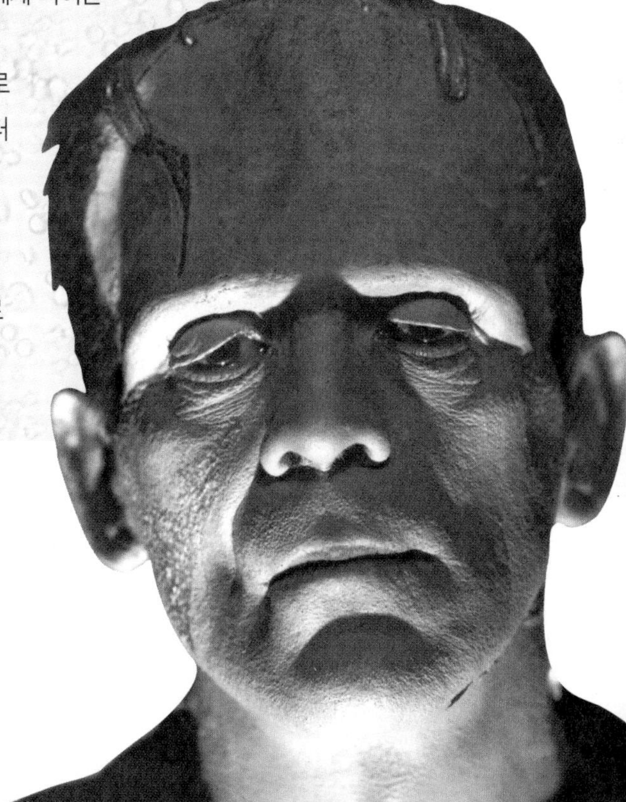

《프랑켄슈타인》 영화에 등장하는 괴물의 모습

가장 중요한 걸림돌은 신경들을 다시 연결하는 문제이다. 결국 신경이 제대로 연결되지 않으면 머리를 이식하더라도 몸은 여전히 마비 상태로 남는다.

머리이식이라는 발상은 매우 으스스하다. 대부분의 의사들은 도덕적으로 나쁜 일이라고 이야기한다. 또한 법적으로나 실제적으로 많은 문제들이 생길 것으로 예상한다.

예를 들어 머리이식을 하여 몸과 머리가 서로 다른 사람의 것이면 이 환자는 도대체 누구인가에 대한 의문도 생긴다. 그리고 어느 누가 죽은 후에 자신의 몸 전체를 다른 사람이 사용하도록 허락하겠는가?

사지마비는 무엇일까?

목 아래 부분이 모두 마비가 되어 있는 사람들은 머리이식수술이 필요하다고 생각할지 모른다. 팔과 다리를 움직이게 하는 신경 신호는 뇌에서 시작하여 척수를 거쳐서 전달된다. 목 부위가 심하게 망가지면 척수 신경이 또한 심하게 망가져서 팔과 다리를 움직이게 하는 신경 신호가 제대로 전달되지 않는다. 이렇게 되면 환자는 팔과 다리를 모두 움직일 수 없게 되는데 이를 '사지마비'라고 한다.

이식할 장기 구하기

이제 의사들에게 당면한 문제는 이식할 수 있는
기증자의 장기가 매우 부족하다는 현실이다.
세계적으로 적어도 18만 명의 환자가
장기 이식수술을 기다리고 있다. 그러나
기증된 장기는 수천 개에 불과한 실정이다.

줄기세포를 이용하여 신장을 만들다

일부 과학자들은 동물의 장기를 이용하는 것이 좋은 해결책이라고 생각하였다. 그러나 동물의 장기를 이식하는 경우는 사람의 장기를 이식하는 경우보다 훨씬 더 거부반응이 심했다.

과학자들은 이와 같은 강력한 거부반응을 극복할 수 있는 여러 가지 방안을 생각하였는데 우선 유전공학적인 방법을 이용해서 거부반응을 일으키는 동물의 항원을 없애는 일이었다. 특히 돼지의 장기에는 알파-갈락토오스 항원이 표면에 있어서

2000년 미국 버지니아 주에서 이식과학자들에 의해서 복제된 새끼 돼지들.

사람의 면역세포가 이 항원을 보고 돼지의 세포라고 간주해서 강력한 거부반응을 일으켰다.

2002년에 이르러 과학자들은 알파-갈락토오스 항원이 없는 '골디'라는 유전자 변형 돼지를 만들었다.

거부반응을 없애는 또 다른 방법은 사람의 줄기세포를 이용하는 방법이다. 줄기세포는 우리 몸의 모든 세포를 만들 수 있는 세포이다.

사람의 줄기세포를 돼지의 장기에 넣어서 돼지의 장기 속에 사람의 세포들이 자라면 결국 사람의 장기와 비슷하여 거부반응이 잘 일어나지 않을 것이다.

2003년 과학자들은 마우스의 몸 안에서 사람의 줄기세포를 이용한 신장을 발생시키는 데 성공하였다.

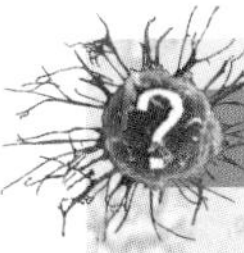

동물의 장기는 얼마나 안전할까?

많은 사람들이 동물의 장기를 이식하는 것은 옳지 않은 일이라고 생각한다.
또한 많은 과학자들은 돼지의 장기에는 나쁜 바이러스가 있어서 장기를 이식하면 사람에게 감염될 것이라고 걱정한다. 게다가 우리 몸은 돼지의 바이러스에 익숙하지 않아서 바이러스를 제대로 없애지 못해서 도리어 병에 걸릴 수 있을까 봐 걱정하는 게 현실이다.

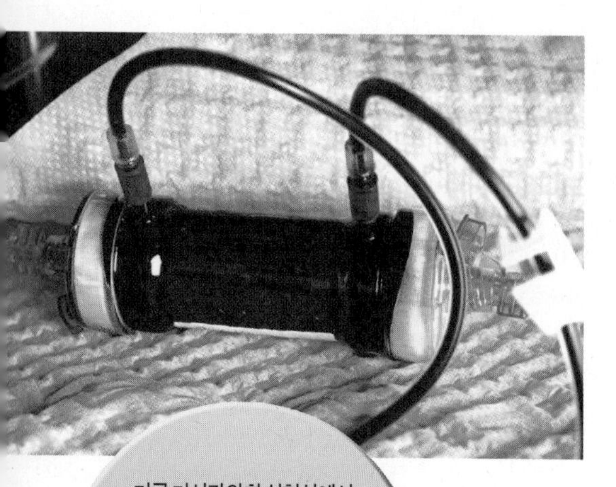

미국 미시간의 한 실험실에서 만든 바이오인공신장. 필터에 의해서 걸러진 혈액은 튜브를 따라서 캐니스터로 옮겨지고 이곳에 있는 신장 세포들이 우리 몸에 필요한 성분을 걸러서 다시 흡수하는 일을 한다.

인공장기는 어떻게 만들까?

기계로 사람의 장기를 만드는 것은 매우 힘든 일이다. 심장의 경우 펌프에 불과할 정도로 단순한 기능을 가지고 있을 뿐이지만 인공심장을 만드는 일도 매우 어렵다. 게다가 신장과 간의 경우 매우 복잡한 생화학적인 일을 수행해야 한다.

가장 희망적인 것은 바이오인공장기(bioartificial organ)를 만드는 것이다. 바이오인공장기는 플라스틱과 금속으로 만들지만, 살아 있는 세포도 그 안에 같이 넣어 준다.

베이비 페 이야기

1984년 레오나르드 베일리 박사는 바분원숭이의 심장을 '베이비 페' 라고 불리는 아기에게 이식하였다. 바분원숭이의 심장은 사람 아기의 심장과 비슷한 크기이다. 베이비 페는 선천적으로 심장이 제대로 발달하지 않아서 곧 죽게 될 처지에 있었다. 베일리 박사는 베이비 페에게 면역억제제인 사이클로스포린을 투여해서 거부반응을 줄이고자 하였다. 그러나 베이비 페는 수술 후 20일 뒤 사망하였다. 그 후 동물의 장기를 이식하는 시도는 오랫동안 진행되지 못했다.

예를 들어서 바이오인공신장을 만들기 위해서 과학자들은 사람 신장의 세포들을 꺼내서 영양분을 주고 키운 다음 생물반응기(bioreactor) 안에 넣는다. 생물반응기는 산소와 영양분을 공급하여 세포들이 살아 있도록 유지하는 용기이다.

기계적으로 생물반응기를 회전시켜서 신장 세포들이 마치 몸 안에 있는 것처럼 느껴서 제대로 기능하게 하는 것이다.

이 생물반응기를 커다란 플라스틱과 금속으로 만든 기계에 넣으면 이 기계는 투석 기계와 같은 기능을 하게 된다.

투석 기계의 경우 사람의 신장이 하는 일을 반 정도밖에는 하지 못한다. 투석 기계는 혈액에 쌓인 노폐물을 걸러서 제거하는 일을 할 뿐, 필요한 물질들은 다시 혈액으로 내보내는 일은

줄기세포는 무엇일까?

줄기세포는 우리 몸의 모든 세포를 만드는 세포이다. 즉 우리 몸을 이루는 여러 종류의 세포를 만들 수 있는 세포로, 엄마 뱃속에 있는 배아는 활발하게 자라고 있기 때문에 줄기세포가 아주 많다.
물론 어른도 줄기세포를 가지고 있다. 어른의 줄기세포는 조직의 안쪽 깊숙이 조용히 자리 잡고 있는데 조직이 망가져서 새로운 세포를 만들 필요가 있으면 세포 분열을 해서 조직이 다시 자라는 데 도움을 준다.
과학자들은 언젠가는 줄기세포를 이용해서 병이나 노화로 망가진 우리 몸의 부위를 새로운 것으로 바꿀 수 있을 것으로 기대하고 있다.

하지 못한다. 이와 같은 일은 신장에 있는 튜브 모양의 세포가 한다. 그렇기 때문에 과학자들은 좀 더 제대로 작동하는 바이오인공신장을 개발하고 있다. 과학자들은 기증자의 신장으로부터 줄기세포를 꺼내서 튜브 모양의 세포가 생물반응기 안에서 자랄 수 있도록 머리카락 굵기의 아주 가는 플라스틱 섬유로 줄기세포를 싸서 넣어 준다. 그 후 약 1주일이 지나면 줄기

당뇨병 환자가 영국 런던의 시티대학교에서 개발한 외부인공췌장을 부착한 모습이다. 이 기계는 환자의 혈당을 재서 자동적으로 필요한 양의 인슐린을 주사한다.

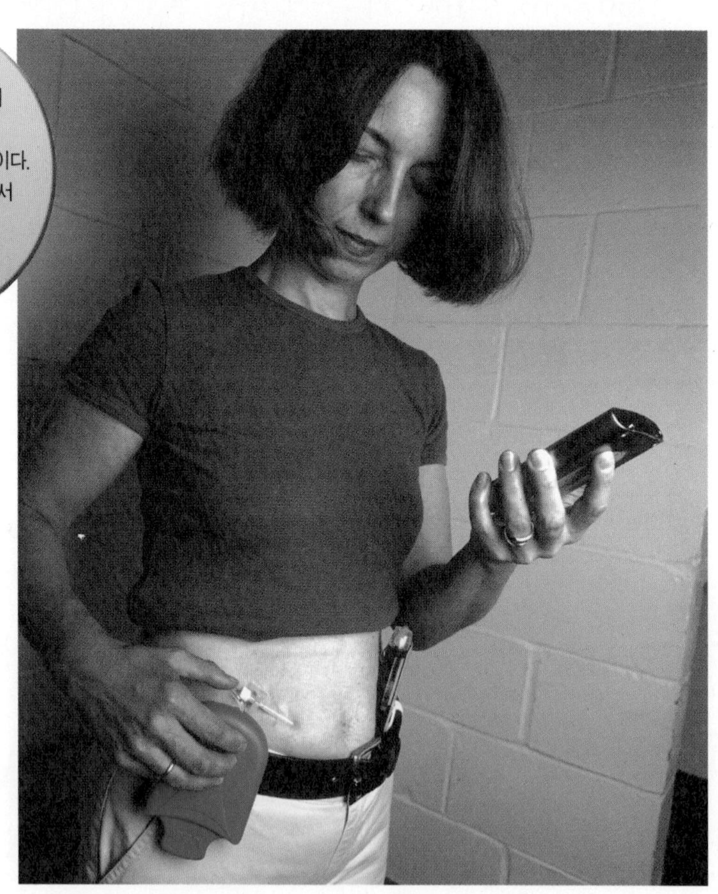

세포는 튜브 모양의 세포로 바뀌어서 바이오인공신장의 역할을 하게 된다.

이제 의사들은 새롭게 개발한 바이오인공신장을 투석 기계 대신 사용하는 시도를 한다. 현재는 신장이 망가진 신부전 환자들이 신장이식수술을 받기 전까지 일시적으로 사용하는 수준이지만, 아마 앞으로는 알맞은 크기의 바이오인공신장이 개발되어서 몸속에 이식할 수 있게 될 것이다.

조직공학
플라스틱 뼈대에 살아 있는 세포를 넣어 새로운 조직이나 장기를 만들어 이식함으로써 생체 기능을 복원 가능하게 하는 것을 목표로 하는 학문

놀라운 과학 세상

매일 정기적으로 인슐린 주사를 맞고 혈당을 검사해야 하는 당뇨병 환자들이 언젠가는 인슐린을 자동으로 분비하는 바이오인공췌장을 이식받게 될 날이 올 것이다. 이 바이오인공장기는 자동으로 혈당을 재서 필요한 만큼의 인슐린을 자동으로 공급하게 된다.

새로운 장기를 만들다

현재 망가진 장기를 복구할 수 있는 방법은 기증자의 장기를 이식하거나 특수 제작된 기계를 이용하는 것뿐이다. 그런데 과학자들이 새로운 장기를 키워서 만들 수 있다면 어떨까? 이러한 연구가 진행되는 학문을 '조직공학'이라고 한다.

조직공학은 망가진 장기가 스스로 회복되도록 돕는 방법을 연구한다. 조직공학자들이 망가진 장기가 잘 회복될 수 있도록

사람 성장호르몬을 망가진 장기에 넣어 주면 이 성장호르몬은 몸속의 살아 있는 세포들을 망가진 장기로 불러 모아서 망가진 부위를 고치게 한다.

조직공학자들은 환자나 기증자의 줄기세포를 꺼내서 플라스틱으로 만든 섬유 지지대 위에서 세포를 키워서 장기를 만드는 방법도 연구한다.

이 세포들이 자라서 어느 정도 모양을 만들게 되면 환자에게 이식되고, 이식된 세포들은 환자의 몸 안에 있는 세포들의 도움으로 계속 자라서 환자의 몸속에서 새로운 장기를 만들게 된

데이비드 무니 박사가 사람의 인공장기를 만들기 위한 조직지지대를 살펴보고 있다. 이 조직지지대는 특수 섬유로 되어 있는 망 같이 생긴 구조물인데 환자의 세포를 올려놓고 원하는 모양으로 키우게 된다.

사진에서 보이는 인공뼈는 실제의 뼈와 비슷한 물질을 가지고 만들었다. 여기에 환자의 골수에서 얻은 줄기세포를 넣어서 줄기세포가 새로운 뼈 세포를 만들어서 채우게 되면 바이오인공뼈가 만들어진다. 정형외과 의사들은 바이오인공뼈를 망가진 뼈 대신 환자에게 넣고 있다.

다. 세포가 제대로 자라도록 돕는 플라스틱 섬유 지지대는 몸속에서 차츰 녹아 없어지고 새로운 장기가 생기는 것이다. 몸속에서 녹는 플라스틱은 이미 수술할 때 조직을 꿰매는 용도로 사용되고 있다.

조직공학 기술이 앞으로 더욱 발전하면 이제 더는 장기 이식

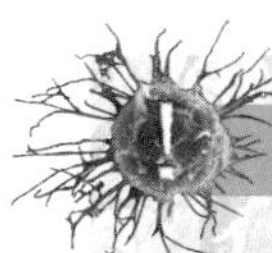

놀라운 과학 세상

영국의 신혼부부는 매우 특이한 결혼 반지를 준비했다. 조직공학자들이 신혼부부의 턱뼈에서 뼈세포를 얻은 뒤 실험실에서 반지 모양의 지지대 위에서 뼈세포를 키워 만든 '뼈반지'를 선물한 것이다.

수술이 필요 없을지도 모른다. 하지만 앞으로도 아주 많은 연구가 필요하다.

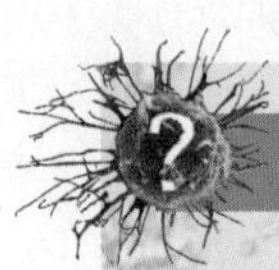

사람 성장호르몬은 무엇일까?

사람 성장호르몬(Human Growth Hormone)은 여러분의 뇌 깊숙한 곳에 있는 뇌하수체에서 분비하는 호르몬이다. 성장호르몬은 우리 몸을 자라게 하는 호르몬으로 특히 성장기의 어린이나 청소년기에 많이 분비된다. 성장이 느린 아이들은 때로는 유전공학적인 방법으로 만든 성장호르몬의 도움을 받기도 한다.

장기 이식수술의 현재와 미래

지난 반세기 전까지만 해도 신체의 한 부분이 망가지면
이식수술을 받지 못하여 생명을 잃어야만 했다.
이제 이식수술은 사람들에게 생명을 선물하지만
아직도 기증된 장기는 턱없이 부족하여
많은 사람들이 생명을 잃고 있다.

거부반응을 줄이는 노력이 더욱 필요하다

오늘날에는 매년 이식수술로 수천 명이 건강을 되찾고 있다. 대부분 심장, 폐, 간 그리고 신장을 이식받는다.

이제 수술을 받은 환자들은 최소한 몇 년 이상은 건강하게 지낸다. 조직형 검사를 통해서 의사들은 환자의 거부반응이 최소화될 수 있는 장기를 찾기 위해 많은 노력을 하고 있다. 더욱이 사이클로스포린이란 뛰어난 면역억제제가 개발된 덕분에 환자의 거부반응은 많이 줄어들었다.

운반하기 위해 보관용 용액에 담긴 기증자의 심장

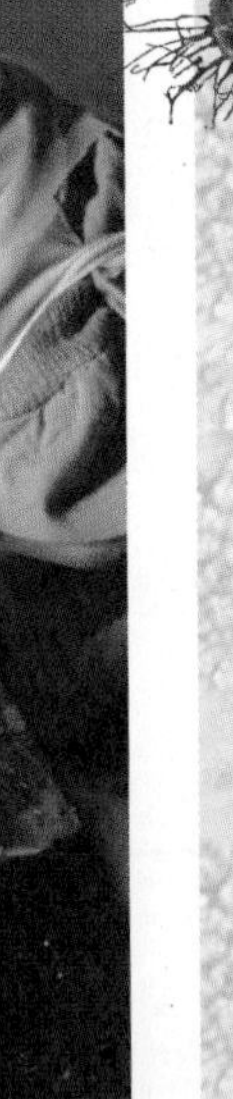

장기 매매란 무엇일까?

이식할 신장이 부족하다는 것은 신장이 값어치 있다는 이야기이다. 사람들은 신장을 두 개 가지고 있고, 사실 하나만 있어도 잘 살 수 있다. 지금 신장 하나가 5000달러 이상으로 거래되고 있다. 못사는 나라의 많은 사람들은 돈이 절실하게 필요해서 신장 하나를 팔게 되는데 만일 시설이 나쁜 곳에서 신장을 기증하는 수술을 받으면 기증한 사람도 매우 아프게 된다. 정부에서는 장기 매매를 금지시키려고 많은 노력을 하지만, 부자 나라에서는 이식수술을 할 장기가 절실하게 필요하고, 가난한 나라 사람들은 돈이 절실하게 필요하기 때문에 장기 매매가 계속 되고 있는 실정이다.

이식은 생명을 선물하는 일이다

아직도 이식할 장기가 부족한 것이 큰 문제이다. 과학자들은 이 문제를 해결하기 위해서 많은 노력을 기울이고 있다. 새로운 장기를 동물에서 키우기도 하고, 조직공학적인 방법으로 실험실에서 키우기도 한다. 기계적으로 만든 인공장기도 개발하고, 여기에 살아 있는 세포를 넣어 키워서 바이오인공장기를 개발하기도 한다. 그러나 아직도 갈 길이 많이 남아 있다. 여전히 사람들은 자신의 장기를 기증해 줄 뜻 있는 사람들의 손길을 기다린다.

자동차 사고로 많은 사람들이 사망한다. 만일 사고로 사망한 사람이 생전에 장기 기증 카드에 서명을 했다면 사망자의 장기는 다른 사람의 생명을 구하는 데 사용된다.

50년 전만 해도 의사들은 환자의 장기가 망가져서 회복이 불가능하면 환자가 죽는 것을 바라보고 있을 수밖에 없었다. 하지만 장기 이식수술이 비약적인 발전을 이룬 덕분에 이제는 환자들에게 생명과 희망을 줄 수 있게 되었다.

장기 기증은 어떻게 이루어질까?

장기 기증은 가까운 친척들이 기증하지만, 때로는 아주 남인 사람으로부터 얻는다. 사망한 사람의 장기를 이식수술에 이용하려면 사망한 후에 바로 장기를 몸에서 떼어 내야 한다. 이때 사망자의 가족에게 기증할 것인지를 물어 볼 시간이 없기 때문에 장기를 기증할 생각이 있는 사람들은 카드를 만들어서 몸에 지니도록 해야 한다.

우리나라의 장기 이식수술

글 김연수, 이동섭

이식수술의 역사는 참으로 험난했다.
수술의 기법을 개선하는 데도 많은 시간과 노력이 들었지만
실제로 수술을 받은 환자가 건강하게 회복되어
오래 살게 된 것은 최근 20~30년 동안의 이야기이다.

장기 이식수술의 현황

장기 이식수술은 기능이 떨어진 장기의 기능을 다시 회복하기 위한 인류의 오랜 숙원을 이루게 된 획기적인 치료 방법이다. 그 가운데 신장이식은 말기신부전환자의 신장 기능을 대신하기 위한 대표적인 치료 방법이었다. 신장이식 수술은 의학적으로 이식수술이 자리를 잡는 데 가장 중요한 역할을 했다.

장기를 이식하려면 이식 장기에 혈액을 공급하는 동맥과 정맥을 이어주어야 하는데 이러한 혈관을 이어주는 수술 방법이 성공적으로 시행된 지는 그리 오래되지 않았다.

1954년 미국 보스턴의 하버드의과대학병원에서 일란성 쌍둥이 형제 간에 신장이식이 성공적으로 이루어졌으며, 이것이 세계 최초의 신장이식으로 보고되었다. 우리나라에서는 1969년 어머니의 신장을 이식받은 젊은 남자에게 처음 성공적으로 시

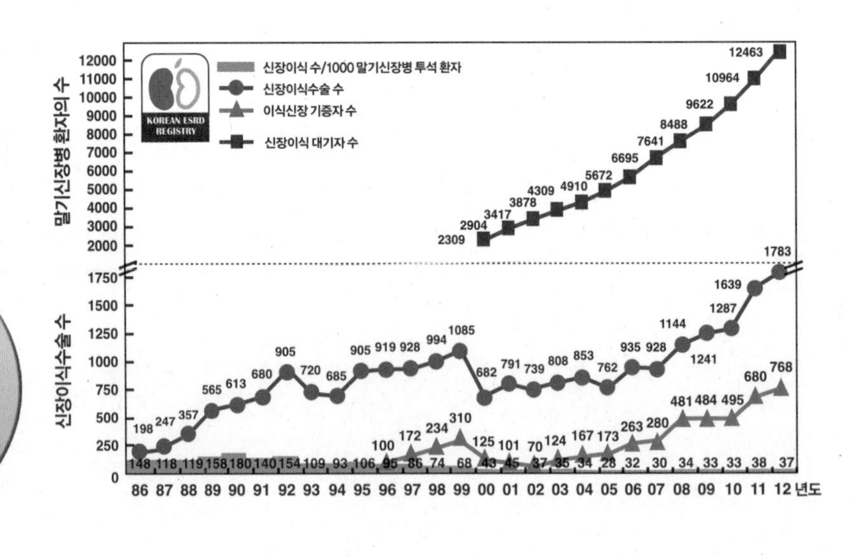

우리나라에서의 신장이식수술 현황이다. 〈인산 민병석 교수기념 말기신부전 환자 등록사업 2012년도 보고〉 중에서

행되었고, 이후 전국으로 확산되었다. 신장이식의 경우 우리나라에서는 30여 의료 기관에서 시행되고 있고, 매년 1,000례 이상 시행되는 비교적 보편적인 수술이 되었다.

2012년 우리나라에서 시행된 신장이식은 1,783례였으며, 이 가운데 768명이 뇌사자의 신장을 기증받아 수술을 시행했으며, 나머지는 혈연관계나 가족 등의 건강 기증자가 신장을 기증해 주는 건강 기증자의 신장이식이었다.

최근 뇌사자의 신장을 기증받아 수술을 시행하는 경우가 늘고 있기는 하지만 이러한 신장을 기증받기 위해 혈액투석이나 복막투석을 하면서 신장이식을 대기하고 있는 환자 수도 급격히 증가하여 2012년 말에는 12,463명에 이르렀다.

우리나라에서 신장 이외에 간 등의 장기를 이식받기 위해 대기하고 있는 환자의 수도 계속 증가하고 있다.

우리나라 장기이식 대기자 현황

기간	소계	신장	간	췌장	심장	폐
2008년	10,709	7,641	2,596	314	127	31
2009년	12,520	8,488	3,501	373	138	20
2010년	14,577	9,622	4,279	435	202	39
2011년	16,764	10,964	4,895	532	257	88
2012년	19,203	12,463	5,671	603	343	123
2013년	21,857	14,181	6,334	715	433	194

1999년 우리나라에서 뇌사에 관한 법이 제정되었고, 사회적으로 뇌사가 인정받게 되어 뇌사자에서 기증받은 장기의 이식이 법적으로 보호받기 시작하였다. 2000년 국립장기이식관리센터(KONOS; Korean Network for Organ Sharing)가 발족되어 장기의 공정분배를 원칙으로 뇌사자 장기뿐만 아니라 이식에 관한 모든 것을 관리하고 있다.

최근 KONOS의 활성화가 이루어지면서 뇌사자의 장기이식이 증가하고 있지만, 전체적인 요구량에 비하면 많이 모자라는 현실이다.

뇌사자의 장기이식 현황

기간	이식받은 장기						
	계	신장	간	췌장	심장	폐	각막
2009년	1045	484	231	22	64	7	237
2010년	1002	495	242	25	73	18	153
2011년	1345	680	313	43	98	35	176
2012년	1561	768	363	34	107	37	252
2013년	1571	750	367	57	127	46	224
2014년	344	174	87	9	28	10	36

간이식의 경우 1988년 서울대학교병원에서 간 기능의 급격한 악화로 죽음에 이르기 직전의 13세 소녀에게 우리나라에서

처음으로 뇌사자 간이식이 성공하면서 보편화되기 시작했으며, 전국 20개 이상의 병원에서 매년 1,000례 이상의 간이식이 이루어지고 있다.

간이식의 경우에도 뇌사자에서의 장기 기증과 건강 기증자의 간이식이 있다. 간을 기증하는 경우에는 신장이식에 비해 수술 방법이 복잡하고 회복에 시간이 더 걸리기는 하지만, 기증자의 간은 절제 후 2주에서 2개월 내에 수술 전의 크기와 기능으로 회복된다.

동맥
심장에서 피를 신체 각 부분으로 보내는 혈관

정맥
피를 심장으로 보내는 혈관

림프관
면역 기관을 담당하는 림프액이 이동하는 관

신장이식수술은 어떻게 할까?

장기 별로 수술 방법에 차이가 있지만 신장이식을 예로 들면 다음과 같다.

수술은 전신마취를 한 후에 시행되어 수술 중에 일어나는 일은 기억할 수 없다. 수술은 보통 3~4시간가량 소요되지만 상황에 따라 더 짧아질 수도 더 길어질 수도 있다.

건강 기증자의 신장이식인 경우 대부분 인접한 수술실에서 기증자와 환자의 수술이 동시에 진행된다. 환자의 수술은 우측이나 좌측 복부 측면의 피부를 약 20~30cm 정도 비스듬히 절제하면서 시작된다. 다리로 가는 **동맥**과 다리에서 올라오는 **정맥**을 분리하여 수술 준비를 마친다. 이때 혈관 주위에 많이 보이는 **림프관**을 하나하나 묶게 된다.

기증자의 신장이 이식되면 먼저 **신정맥**을 다리에서 올라오

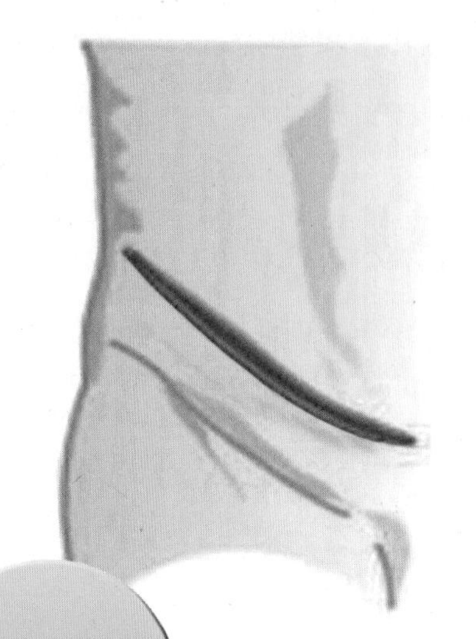

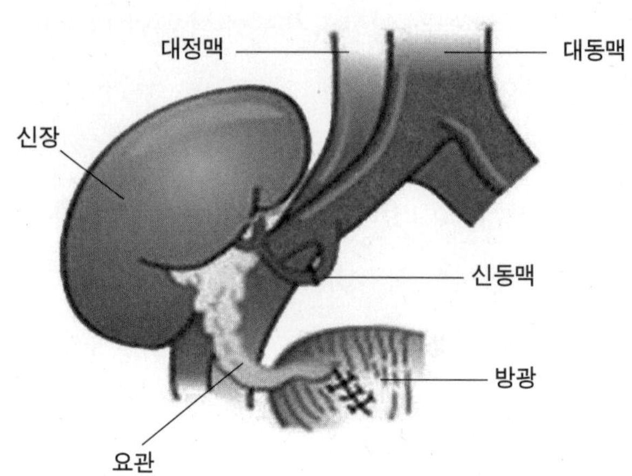

신장이식을 위한 피부 절개와 신장이식의 모식도

는 정맥에 이어주고, 이어서 신동맥을 다리로 가는 동맥에 연결시켜 준다. 요관을 환자의 방광에 연결해 주고, 혈액을 통하게 해 주면 신장으로 혈액이 유입되면서 이식된 신장이 분홍색으로 변하고 기능을 하게 되면서 많은 양의 소변이 나오기 시작한다. 그 전까지는 소변이 거의 나오지 않던 환자들에게서 소변이 쏟아지기 시작하는 환희에 찬 상황이 연출된다.

신정맥
신장에서 정맥의 피를 하대정맥으로 이끄는 정맥

신동맥
신장에 혈액을 공급하는 동맥

이식 거부반응을 치료하다

이식수술 후 면역억제제를 이용하여 면역 기능을 억제하지 않는다면 이식된 장기는 거부반응에 의하여 기능이 상실된다.

이것은 우리 신체가 방어 기능을 하는 면역체계를 가지고 있

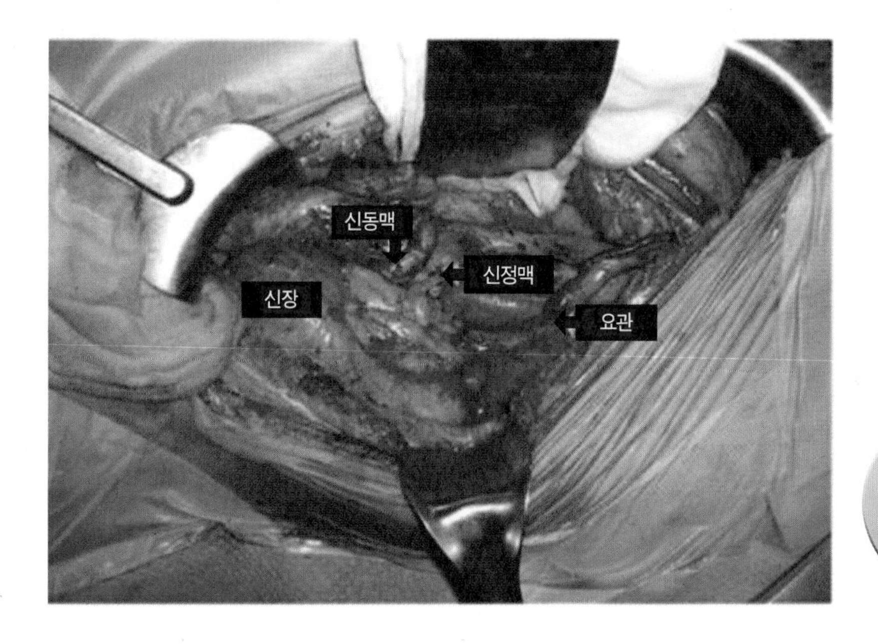

이식된 신장의 모습

기 때문이다. 이 면역체계는 세균이나 바이러스와 같이 우리 신체에 침입하여 병을 일으키는 병원체를 없애는 역할을 한다. 그렇지만 우리의 면역체계는 나쁜 병원체와 이식된 장기를 구별하지 못한다. 즉 내 몸에 내 것이 아닌 다른 사람 것이 있을 때도 면역반응이 일어나게 되는 것이다. 이러한 면역체계의 반응을 '거부반응'이라고 한다.

거부반응이 오지 않도록 하려면 무엇보다 면역억제제를 정확히 복용하는 것이 가장 중요하다. 정기적으로 외래를 방문하여 혈중 약물 농도를 측정하고, 이에 따라 약을 복용하는 것이 필요하다. 의료진이 처방해 준 약의 용량이나 복용 시간을 임의로 변경하는 것은 매우 위험한 일이며, 어떤 이유로든지 약의 복용이 어려울 경우에는 우선 의료진과 상의하는 것이 가장 중요하다.

거부반응은 발생하는 기전, 조직학적인 소견, 임상 증세에 따라 초급성 거부반응, 급성거부반응 그리고 만성거부반응으로 구분한다. 이 가운데 가장 흔히 나타나는 거부반응은 급성거부반응이다. 거부반응은 보통 이식 후 1주일에서 6개월 사이에 일어난다.

신장이식의 경우 전체 환자의 20% 정도에서 발생하는 비교적 흔한 반응이지만 90% 이상의 급성거부반응은 알맞은 약제를 사용하면 잘 치료가 된다. 급성거부반응은 세포성 면역 기전이 주로 관여하여 이식신장의 세포에 손상을 가져온다.

거부반응이 일어나면 환자들은 보통 열감, 이식장기 부위의 통증, 소변 양의 감소, 혈압 상승, 체중 증가, 얼굴이나 다리의

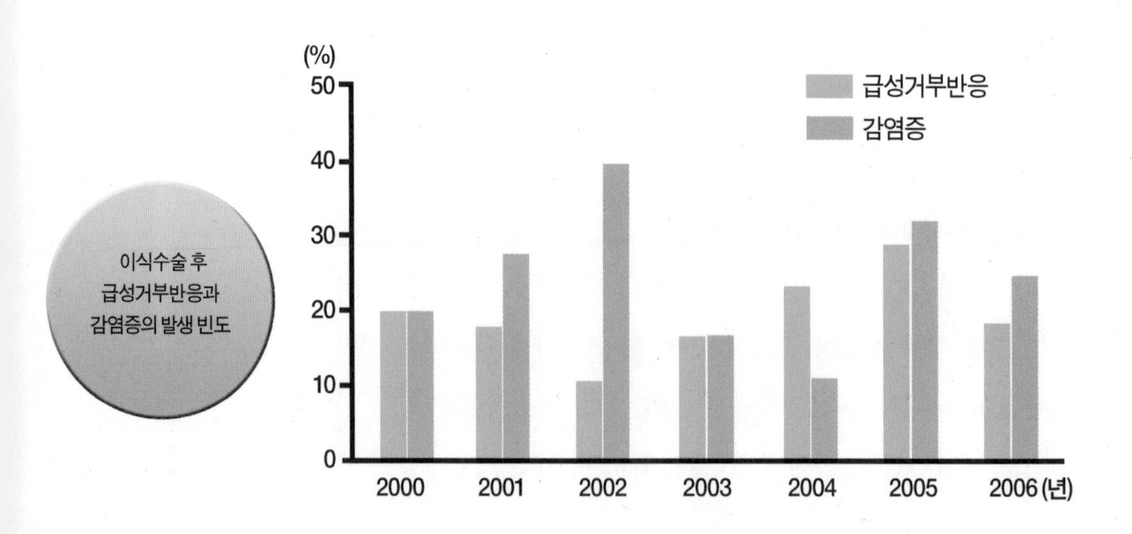

이식수술 후 급성거부반응과 감염증의 발생 빈도

서울대학교병원 진료실의 김연수 교수

ⓒ한승석

부종 등이 나타날 수 있다.

그러나 이러한 증상 자체가 반드시 거부반응이 생겼다는 것을 의미하지는 않으며, 또한 이러한 증상 없이도 거부반응이 일어날 수 있다.

뇌사란 무엇일까?

뇌사란 뇌의 질환이나 교통사고 등의 외상으로 인하여 뇌의 기능이 손상된 상태를 말하며, 인공호흡기를 부착하여 맥박, 혈압, 호흡 등을 일시적으로 유지시킬 수는 있으나 스스로 숨 쉬는 것이 불가능하여 어떤 치료를 하여도 2주 안에 사망하는 경우를 말한다.

뇌사 상태와 식물인간 상태 비교

구분	뇌사 상태	식물인간 상태
손상 부위	뇌간을 포함한 뇌 전체	대뇌의 일부
정신 상태	심한 혼수상태	무의식 상태
기능 장애	심박동의 모든 기능이 정지됨	기억, 사고 등 대뇌 장애
운동 능력	움직임 전혀 없음	목적 없는 약간의 움직임 가능함
호흡 상태	자발적 호흡이 불가함	자발적 호흡이 가능함
경과 내용	필연적으로 심장 정지하여 사망	수개월~수년 후 회복 가능성 있음
대상	장기 기증 대상이 됨	장기 기증 대상이 될 수 없음

흔히 몇 년 동안 혼수 상태에 있다가 회복되었다는 사례는 바로 식물인간 상태를 말하는 것이다. 간혹 뇌사 상태와 혼동을 하지만 의학적으로 전혀 다르다.

뇌사의 판정은 엄격한 규정이 있으며 이를 위한 별도의 위원회, 시설, 장비 등을 갖추고 국립장기이식센터에 신고하여 허가를 받아야 한다.

이러한 절차와 규정은 무분별하게 이루어질 수 있는 뇌사의 판정에 공정과 엄격함이 유지되도록 하기 위함이다.

장기 이식수술 연대기

기원전 400년경	최초의 피부이식수술 인도, 수스루타 박사
1580년경	유럽 최초의 피부이식수술 이탈리아, 가스파로 태그리아코찌 박사
1668년	최초의 성공적인 뼈이식수술 네덜란드, 자브 반 미어렌 박사
1770년대	웃음가스의 발견 영국, 조지프 프리스틀리 박사
1819년	최초의 성공적인 수혈 영국, 제임스 블런델 박사
1838년	최초의 가젤 각막이식수술 리처드 키삼 박사
1842년	마취제를 사용한 최초의 수술 크로포드 롱 박사
1846년	마취제를 사용한 최초의 큰 수술 미국, 윌리엄 모턴 박사
1875년경	최초의 대형 피부이식수술 칼 티어쉬 박사
1894년	혈관봉합술 최초 개발 프랑스, 알렉시스 카렐 박사
1900년경	최초의 개 신장이식수술 헝가리, 에머리히 울만 박사, 프랑스, 알렉시스 카렐 박사
1901년	혈액형 발견, 오스트리아 칼 란트슈타이너 박사
1904년	최초의 성공적인 사람 각막이식수술 오스트리아, 에드워드 전 박사
1935년	인공심장 최초 개발 프랑스, 알렉시스 카렐 박사, 미국, 찰스 린드버그 비행사

1942년	쿠라레를 근육이완제로 최초로 수술에 사용 캐나다, 해럴드 그리피스 박사
1944년	이식 거부반응 연구 영국, 피터 메더워 박사
1945년	최초의 신장투석 기계 개발 네덜란드, 빌렘 콜프 박사
1948년	우리 몸은 각자 자신의 특별한 표식이 있는 것을 발견 호주, 프랭크 맥팔래인 버닛 박사
1952년	최초의 인간 신장이식수술 프랑스, 르네 커스 박사
1954년	최초의 성공적인 인간 신장이식 수술, 미국, 조지프 머리 박사
1950년대	림프구가 어떻게 침입자들을 선택적으로 공격하는지 규명 호주, 프랭크 맥팔래인 버닛 박사

1962년	이식 환자에 면역억제제 아자티오프린을 최초로 사용 영국, 로이 칼느 박사
1963년	이식수술에 아자티오프린과 스테로이드를 함께 투여하여 이식 거부반응을 줄임, 미국, 토머스 스타즐 박사
1963년	최초의 간이식수술 영국, 로이 칼느 박사, 미국, 토머스 스타즐 박사
1963년	최초의 폐이식수술, 제임스 하디 박사
1964년	동물심장을 사람에게 이식한 최초의 수술 제임스 하디 박사
1967년	최초의 신장 췌장 동시 이식수술 미국, 리차드 릴레헤이 박사
1967년	최초의 인간 심장이식수술 남아프리카공화국, 크리스티안 바너드 박사

1968년	최초의 심장 폐 동시 이식수술 미국, 덴톤 쿨리 박사
1969년대	최초의 인공심장 이식수술 미국, O.H. 프레이져 박사
1960년대	적합한 기증자를 찾기 위해 조직형 검사가 도입됨
1970년	최초의 동물 머리이식수술 미국, 로버트 화이트 박사
1981년	최초의 성공적인 심장 폐 동시 이식수술 미국, 브루스 라이츠 박사
1983년	면역억제제 사이클로스포린이 이식수술에 사용됨
1995년	심장과 폐를 제외한 내부장기의 전체이식수술(신장, 췌장, 위, 간, 소장, 대장), 미국, 플로리다 마이애미의 외과 의사들
1998년	최초의 손이식수술 프랑스, 장 미셸 드보랑 박사
2002년	이식용 장기를 위한 돼지 '골디'가 복제됨
2003년	최초의 혀이식수술, 오스트리아
2004년	최초의 발목이식수술 이탈리아, 산드로 지아니니 박사
2005년	최초의 건강 기증자 제공 췌도세포이식수술, 일본
2005년	최초의 부분얼굴이식수술 프랑스 외과 의사들

이식수술을 이끈 과학자들

크리스티안 바너드
(1922~2001)

남아프리카공화국에서 태어난 크리스티안 바너드는 1967년 남아프리카 케이프타운에서 처음으로 인간의 심장이식을 성공시켜 세계적으로 유명해졌다. 이후 그는 환자의 병든 심장 옆에 건강한 심장을 이식하는 이중이식을 시행하였다. 또한 적당한 기증자가 나타날 때까지 환자를 살리기 위해서 원숭이의 심장을 사용하는 방법을 시도하기도 했다. 바너드는 가난한 선교사의 아들이었다. 그의 형제들 가운데 하나가 5살 때 심장병으로 죽었는데, 그 후 바너드는 심장외과 의사가 되기로 결심했다. 외과 의사로서의 명성은 그를 유명 인사가 되게 하였고, 이탈리아의 여배우 소피아 로렌과 결혼하였다.

로이 칼느
(1922~2001)

로이 칼느는 신장이식의 개척자 가운데 한 명이다. 영국의 서레이에서 자란 칼느는 어린 시절 동물과 엔진에 빠져 자랐다. 칼느는 이식수술 분야에 이 두 가지의 열정적인 취미를 연결하였다. 1950년대에 신장이식은 오직 일란성 쌍둥이에서만 시행되었으며, 다른 경우에서는 모두 거부반응이 일어나 신장을 잃었다. 런던의 젊은 외과 의사였던 칼느는 '6-mp'라는 약을 사용하면 이식신장의 거부반응을 막을 수 있을 것으로 생각하였다. 1960년대 그는 미국의 하버드 피터벤트 브리검 병원에서 일하면서 동물인 개를 통해 이식수술 연구를 지속하였고, 그때 아자티오프린을 사용하였다. 이 약은 6-mp와 매우 비슷한 약제로 매우 성공적이었다. 칼느는 아자티오프린을 사용하여 최초로 비혈연간의 신장이식을 성공시켰다.

알렉시스 카렐
(1873~1944)

프랑스계 미국인 알렉시스 카렐은 이식 분야에서 매우 위대한 선구자였다. 그는 프랑스 리옹에서 태어났으며, 처음으로 동물을 통해 심장과 신장이식에 성공하였다. 그는 프랑스 대통령 사디 카르놋이 칼에 찔려 출혈로 인해 사망하자, 혈관을 연결하는 수술법을 개발하기도 했다. '카렐 봉합술'이라고 일컬어지는 이 기술은 현대 이식수술에서 생명과도 같다. 1904년에는 소 목장 주인이 되기 위해 캐나다로 이주하였고 다시 뉴욕의 록펠러의학연구소에서 일을 시작했다. 이곳에서 그는 장기이식에서 매우 중요한 일들을 하였다. 1935년, 심장수술을 시행하는 동안 환자를 살아 있도록 유지하는 장치인 인공심장을 비행사 찰스 린드버그와 함께 처음으로 개발하였다.

칼 란트슈타이너
(1868~1943)

오스트리아 비엔나에서 태어난 칼 란트슈타이너는 우리의 몸이 질병과 싸우는 방법에 대해 연구한 선구자였다. 그의 가장 위대한 업적은 혈액형의 발견이다. 1900년까지 수혈은 자주 실패했다. 1901년 란트슈타이너는 환자의 혈액이 다른 환자의 적혈구를 엉기게 하는 것을 보았다. 그는 이것이 인간의 피가 다른 혈액형으로 나누어지고, 다른 혈액형의 혈액끼리는 섞일 수 없기 때문이라고 깨달았다. 란트슈타이너는 선천적으로 4개의 혈액형(A, B, AB, O형)이 있다고 생각했다. 1922년 뉴욕에서 Rh혈액형을 비롯한 많은 혈액형이 있는 것을 발견했다.

피터 메더워
(1915~1987)

피터 메더워는 레바논, 영국계 사업가의 아들로 브라질에서 태어났다. 그는 영국에서 동물학자가 되었다. 그러나 그의 가장 위대한 업적은 사람의 이식수술이 흔히 실패하는 기전을 발견한 것이었다. 제2차 세계대전에서 화상으로 고통받는 사람을 보고 토끼에게 피부이식 실험을 시작하면서 그는 이식장기와 실제적으로 싸우는 몸의 면역계를 찾아냈다. 이후 메더워는 어떤 외부 조직이 거부반응을 보이지 않는 경우도 있다는 것을 찾았는데, 이를 일컬어 '면역관용'이라고 했다. 면역관용은 오늘날 이식에서 핵심이 된다.

윌리암 모턴
(1819~1868)

윌리암 모턴은 종종 '마취학의 아버지'라고 불린다. 그는 미국 볼티모어에서 자라고 보스턴에서 일했다. 그가 하버드대학병원인 메사추세츠 제너럴 병원에서 일할 때 고통스러운 수술을 받는 동안 환자들에게 에테르 가스를 사용하여 잠들게 하는 방법을 사용하였다. 이후 산과 알코올을 섞으면 에테르 가스를 만들 수 있는데 모턴은 입구가 두 개인 병 속에 알코올을 적신 스펀지를 넣고 한 쪽 입구를 통해서 산을 떨어뜨리고 다른 입구를 환자와 연결하여 에테르 가스를 흡입하게 하는 방법을 사용하였다. 이것은 매우 성공적이었으며 1846년 환자의 목에 있는 종양제거술에 이 방법을 사용하였고, 3주 후에는 다른 환자의 다리 절단수술을 하는 데 사용하였다. 이후 매우 힘든 수술도 환자들의 고통없이 가능하게 되었다.

토머스 스타즐
(1926~)

토머스 스타즐은 1926년 미국의 아이오와에서 태어났고, 시카고에서 수련을 받고 의사가 되었다. 그는 세계에서 가장 위대한 이식외과 의사 가운데 한 명이다. 그는 초기에 신장이식을 성공적으로 해냈는데 핵심은 환자의 거부반응 징후가 있을 때 스테로이드 약제를 사용하는 것이다. 그는 이식환자에게 중요한 약제인 사이클로스포린을 도입하는 데 앞장섰다. 그는 간이식 분야에서도 개척자였다.

용어 배우기

- **항생제**(antibiotic) 세균을 죽이는 약제이지만 바이러스는 죽일 수 없음.
- **바이오인공장기**(bioartificial organ) 살아 있는 세포와 함께 플라스틱 또는 금속을 결합하여 환자의 체내로 이식하는 장기.
- **생물 반응기**(bioreacter) 살아 있는 세포들이 자랄 수 있도록 제작된 특별 용기.
- **혈액형**(blood group) 인간의 혈액을 나누는 여러 방법 중 한 가지.
- **클론**(clone) 생체와 동일한 복제품을 생산하는 것.
- **혼수상태**(coma) 때로 무기한 지속되기도 하는 깊은 무의식 상태.
- **사이클로스포린**(cyclosporine) 몸의 방어체계를 억제하여 이식장기의 거부반응을 줄이는 약제.
- **기증자**(donor) 이식 기관이나 조직을 공급하는 인간이나 동물.
- **유전자**(gene) 생체에서 모든 세포 내에 특별한 특징을 주는 물질 부분이며 부모로부터 자식에게 전달됨.
- **이식 절편**(graft) 몸의 일부를 떼어 손상된 피부나 조직으로 이식을 시행할 때 이식된 피부나 조직의 조각.
- **사람성장호르몬**(human growth hormone) 사람의 성장을 유도하는 자연 체내 화학물.
- **사람백혈구항원**(human leukocyte antigen (HLA)) 체내 대부분의 세포를 둘러싸고 있는 특수 단백 표지자.
- **면역관용**(immunological tolerance) 인체가 외부 조직을 받아들이는 것을 일컫는다.
- **염증 반응**(inflammation) 감염에 의해 부종 및 발적이 일어난 상태.
- **림프구**(lymphocyte) 백혈구의 일종으로 체내 특정 미생물을 파괴한다.
- **신경**(nerve) 통증 등의 감각 정보를 인체 주위로 보내는 섬유.
- **장기**(organ) 체내에서 특별한 일을 담당하는 심장이나 간과 같은 연질의 복합 인체 부분.
- **혈장**(plasma) 혈액의 액체 부분.
- **거부반응**(rejection) 몸의 방어 기전이 이식 장기를 공격하는 것.
- **레수스**(Ph) **인자**(Rhesus factor) 일부의 사람들이 적혈구에 가지고 있는 단백 표지자. 이것을 가지고 있으면 '레수스(Rh)양성'이라고 한다.

유용한 도서와 웹 사이트

Books

《몸(Body: An Amazing Tour of Human Anatomy)》, 로버트 윈스턴, 돌링 킨더슬리, 2005
《면역체계(Immune System; Injury, Illness and Death-Body Focus)》, 캐롤 발라드, 하이네만 라이브러리, 2004
《믿을 수 없이 놀라운 몸(The Incredible Body)》, 스티븐 비스티, 돌링 킨더슬리, 1997
《돼지심장을 가진 소년(Pig-heart Boy)》, 맬로리 블랙맨, 코기, 1999
《고통스러웠던 의학의 역사(A Painful History of Medicine: Scalpels, Stitches and Scars-A History of Surgery)》, 존 타운센드, 레인트리, 2005

Websites

국내 기관

서울대학교병원 장기이식센터 www.transplant.or.kr
서울아산병원 장기이식센터 www.organ.amc.seoul.kr
삼성서울병원 장기이식센터 http://transplant.samsunghospital.com
국립장기이식관리센터 www.konos.go.kr
한국장기기증원 www.koda1458.kr

해외 기관

어린이를 위한 이식 수술 www.transplantkids.co.uk
장기이식에 대한 많은 정보와 장기이식 환자 가족들의 이야기 방이 있다.

미국신장병재단 www.kidney.org

미국 메이요클리닉(Mayo Clinic) 장기이식센터
http://www.mayoclinic.org/departments-centers/transplant-center
미국 제1의 병원. 각 분야의 이식수술도 가장 많이 수행한다.

영국심장재단 www.bhf.org.uk

글 존 판던

케임브리지대학교에서 지구과학과 영문학을 공부한 뒤 폭넓은 집필 활동을 하고 있다. 대중을 위한 과학, 특히 지구과학과 자연, 환경 등을 주제로 책을 많이 썼으며 최근에는 시사적인 이슈에도 관심을 보이고 있다. 《이것은 질문입니까?》《열정의 과학자들》《콜린스 어린이 백과사전》 등 300권이 넘는 책을 썼다.

편역 김연수

서울대학교 의과대학을 졸업하고 서울대학교 병원에서 내과 전문의를 획득하였다. 서울대학교 의과대학에서 박사학위를 받은 후 하버드 의과대학에서 이식면역학을 공부하였다. 현재 서울대학교 의과대학 교수 및 서울대학교병원 신장내과 과장으로 근무하고 있다.

편역 이동섭

서울대학교 의과대학을 졸업하고 같은 대학에서 박사학위를 받았다. 미국 스크립스연구소에서 세포면역학을 공부하였다. 현재 서울대학교 의과대학 의과학과 교수로 근무하고 있다.

미래과학 로드맵 04

마취제 개발에서 이식수술까지

처음 펴낸 날 | 2016년 7월 25일
두 번째 펴낸 날 | 2017년 9월 5일

글 | 존 판던
편역 | 김연수, 이동섭

펴낸이 | 김태진
펴낸곳 | 도서출판 다섯수레
등록일자 | 1988년 10월 13일
등록번호 | 제 3-213호
주소 | 경기도 파주시 광인사길 193(문발동) (우 10881)
전화 | 02) 3142-6611(서울 사무소)
팩스 | 02) 3142-6615
홈페이지 | www.daseossure.co.kr

ISBN 978-89-7478-407-2 44400
ISBN 978-89-7478-349-5(세트)